酷威文化

图书 影视

请你努力，为了你自己

勺布斯 著

四川文艺出版社

图书在版编目（CIP）数据

请你努力，为了你自己 / 勺布斯著. -- 成都：四川文艺出版社，2025.3. -- ISBN 978-7-5411-7212-0

Ⅰ. B848.4-49

中国国家版本馆 CIP 数据核字第 2025EY6635 号

QING NI NULI WEILE NI ZIJI
请你努力，为了你自己

勺布斯 著

出 品 人	冯　静
出版统筹	刘运东
特约监制	王兰颖　代琳琳
责任编辑	鲍威宇　朱丽巧
选题策划	代琳琳
特约编辑	周子琦　徐晨晓
封面设计	三　喜
责任校对	段　敏

出版发行　四川文艺出版社（成都市锦江区三色路238号）
网　　址　www.scwys.com
电　　话　010-85526620

印　　刷　天津旭丰源印刷有限公司
成品尺寸　145mm×210mm　　开　本　32开
印　　张　8　　　　　　　　字　数　166千字
版　　次　2025年3月第一版　印　次　2025年3月第一次印刷
书　　号　ISBN 978-7-5411-7212-0
定　　价　42.80元

版权所有·侵权必究。如有质量问题，请与本公司图书销售中心联系更换。010-85526620

目录 contents

前言
与欲望搏斗   01

第一章 挨过漫漫长夜,终将看到黎明

自律,是度过漫长人生的最佳动力	003
要让每时每刻,都富有意义	009
读万卷书,方能行万里路	015
改变固有认知,我们就成功了一半	020
学会深度思考,别活得千篇一律	026
打开大门的钥匙,一直在你手中	031
挨过漫漫长夜,终将看到黎明	033
爱自己的九种方式	036

第二章 放下内心的执着,与自我和解

放下内心的执着,与自我和解	043
适当放松,适当失控	046
欲望断舍离	049
让情绪慢下来,也静下来	054
和真实的内心相处	060
做好自己,平复焦虑	063
让自己快乐一点	074
我的明天会更好	079
自我矛盾是痛苦的根源	082

第三章 做治愈自己的英雄

拥有拒绝的勇气	089
摆脱尴尬,增加信心	094
做人不要"太礼貌"	099
严以待己,宽以待人	102
无视讨厌你的人	106
做治愈自己的英雄	109
戒掉对他人的依赖感	115
你对我的评价,不构成万分之一的我	118
别被假装努力的人推向深渊	121
赤诚、体谅,是人情世故的必杀技	130
别为他人的情绪买单	132
去思考,去理解,去感受	138
适当关心,察觉对方真正的需要	144
习惯性反驳是种病	148
该翻脸时就翻脸	153

第四章 爱是一切的总和

- 想谈好恋爱，认知是关键　　159
- 怎样做你才能满意　　161
- 如何让对方开心　　167
- 爱是一切的总和　　173
- 证明爱情最好的方式，是学会感受　　176
- 懂得表达情绪，是感情长久的秘诀　　179
- 爱情需要新鲜感　　183
- 等待太久，未必长久　　187
- 好的爱情，需要坚持和专注　　191
- 怎样经营亲密关系　　195
- 婚姻是一道难解的题　　203
- 温柔是真爱最宝贵的特征　　208
- 爱要用真心，不要只动嘴　　211
- 怎样提供情绪价值　　215
- "情绪稳定"的最大误解　　220
- 十个恋爱真相　　224
- 在亲密关系中，学会把控情绪　　230
- 学会重新去爱　　239

前言

与欲望搏斗

这些年,几乎每一天,我都会在网络上更新一些文字,很少会有间断的时候。

写作这件事,成了我生活里很重要的一部分。

我用写作来记录自己的生活,抑或内心的感悟、读书的心得。不知不觉,吸引了许多志同道合的伙伴。后来有了短视频,便又多了一种记录生活的方式。

我把那些日常里发生的事,用相机拍摄下来,晚上坐在电脑前剪辑、发布。在一些短视频平台上,也渐渐地收获了几十万个之前从来没有阅读过我文字的朋友。

最初的视频内容,是记录一个人的生活,主题大多都和自律有关。例如早起的冥想、写作、锻炼,偶尔也会出门看一看钱塘江的日落。

那会儿还在杭州生活。后来谈恋爱了,一个人的视频内容,就变成了两个人的日常。居住的地方也从杭州搬到了昆明,逗留一段时间之后,又一起抵达深圳。

从 2018 年至 2024 年,转眼六年过去了,我很少再拍摄关于生活的视频。因为总是觉得拍视频并不是自己这一生里要做的事,我真正热爱的仍旧是写作。于是,我每天把大部分时间,都用在了读书和写作上。但在用视频记录生活的这些年里,有很多喜欢那些视频的朋友,总会问我一些问题,大多也都是与自律和相处有关。

怎样通过约束自己的行为,成为更好的自己?

怎样让两个人之间的关系,变得更融洽?

我将这些问题的答案,都收录在了这本书里。

这本书从个人成长开始,用亲密关系结束。因为在我看来,成为更好的自己也好,实现更融洽的亲密关系也罢,个人的成长始终是根基。

一个人成长的关键是什么?归根结底,是通过自律,养成一些好习惯,改正一些坏习惯。

我们的清醒意识——或者也称之为理智,始终是有限的。在一天绝大多数时间里,我们都没有办法完全依靠理智去生活。

生活的主旋律是无意识。也就是那些我们不需要想什么,就会自动去做,并且也能做得好的事。

只不过,这些事在最开始的时候,或多或少,都需要清醒意识的参与。行走是这样,吃饭也是这样。甚至哪怕玩电子游戏这种被普遍认知的"坏习惯",最初也都需要清醒的意识去学习如何操作,去了解升级打怪的规则是什么。

从清醒意识到无意识,这既可能是"堕落"的路径,也有可能是成长的路径。其中的区别,在于我们如何使用它们。

养成好习惯的起点,是某一天,我们忽然意识到了自己生活中的某些行为,没有办法帮助自己达成设定的目标。这些目标或许是拥有更健康的身体、更亲密的关系，学习更多的知识，获取更多的财富，抑或更朴素，但也更有人生意义的事，比如：收获一份平稳的心境。

但生活里那些无意识的习惯，阻碍了我们前进的速度。譬如吸烟、酗酒、打游戏，以及沉迷于社交网络。

记得在 2019 年，有位读者朋友留言说：真羡慕你，天生就有这些好习惯。

我回答道：不是的，以前我是标准的"坏孩子"。

所有的坏习惯，我都曾沉迷其中。事实的确如此。以前我在学校里念书的时候，最初是对武侠小说上瘾，接着是打一款名叫《魔兽争霸Ⅲ》的策略游戏——我曾经在市里的比赛拿过第三名。当然，这没什么好骄傲的，只意味着我比其他人更沉迷其中罢了。

一个人把他的时间花在哪里，成就便在哪里。

我想，恐怕很少有人愿意让自己仅仅在游戏的世界里有所成就，因为我们仅仅只是通过本能就能明白，那些成就并不真实。

如果没有写作这一爱好，恐怕我的人生时至今日都无法从那些深渊中走出来。

每天不能持续写作，对我来说是一种痛苦。但一身的坏习惯，总是让我没有办法专注于写作的过程之中——吸烟会打断思路，醉酒则连思路都会消失不见。花几个小时的时间沉浸在游戏之中，就意味着没有任何时间进行思考。我不得不寻找改正这些坏习惯的方法。

在一次次的实验之后，我终于成功地戒掉了它们，并重新组织了自己的生活结构。而这些改变，不只让我的写作过程更顺利，进而改变了我的人生轨迹。

  我因为写作的关系,进入一家杂志社做编辑,后来辗转来到北京,在广告公司做文案,升职做了客户总监。最终辞去广告公司的工作,自己创办了一家广告公司,一直做到现在。

  我走过很多关于不够自律的弯路,不只是学着如何改正坏习惯,还包括怎样让工作本身变得更有效率,以及如何与自我的内心和解。

  我相信,在阅读这些文字的过程里,你一定会得到一些重要的启发——这样你就不必再走那些弯路了。

  我与内心的欲望搏斗了十几年,在这一过程之中,内心经历的痛苦和煎熬难以想象。

  但只要路径正确,我们最终都能迎来成长,并完成个人的救赎——那也是所有美好的开始。

第一章

Chapter One

挨过漫漫长夜，
终将看到黎明

自律,是度过漫长人生的最佳动力

前不久收到一位读者的留言:"我今年读大二了,但是感觉自己的自控力越来越差,没办法完成很多制订好的计划。所以,我觉得很沮丧,很怕自己就这样荒废了大学的四年时间,请问我怎样才能做到自律呢?"

于是,我总结了 12 个自律的法则。这些法则,有些是不言自明的公理,有些则是我自己的一些心得体悟。希望能够对大家有所帮助。

◆ **自律法则一:认识自身的局限性**

人都会有局限,承认自身的局限性不仅不会阻碍自律,反而能够因为这种清醒,更容易理解和引导自己的行为。局限性并不意味着"不再严格要求自己",而是要首先确保自己定下的计划和目标,是自己可以完成的。没有人会给自己设定一个"长一双翅膀飞向天空"的目标。原因很简单,这种目标很荒谬、很离谱,单凭自己也不可能实现。

可是很多时候,我们为自己定下的目标,总是过于理想化。因此,当感到自己无法完成既定计划的时候,最重要的一件事,并不是自责,而是反复确认自己定下的计划是否切合实际。

◆ 自律法则二:拥有"微进化"的意识

无论是自然界生物的进化,还是人类的成长过程,大多是渐变的,而不是突变的。即使有突变,也必然是由渐变积累到了临界点的缘故。我们都是先学会爬,再学会走,接着才是学会跑。

自律也是同样的。无论定下的目标是什么,要让自己关注到"微小的进步",一步一步地"进化",反而能走得更远。

◆ 自律法则三:学会调整自己的情绪

微进化意识之所以有效,很大程度上是因为能带来正向反馈。关注并意识到自己的进步,能够抵消生活中无处不在的挫败感,让心态变得更积极。但仅仅只有积极的心态是不够的,还需要接纳那些必然会出现的负面心态。原因在于,一个人的能量始终是有限的。

遇到挫折的时候,我们的第一反应总是自责。这个做法符合直觉,却不符合规律。因为自责是一种自我对抗,这对自身的能量是一种消耗。而当能量被大量的自我对抗消耗殆尽的时候,自然就失去了自律自强的能量。这就是为什么每当我们纠结的时候,就总是会止步不前。可越是止步不前,就越是会下意识地自责,最后陷入恶性循环。

更智慧的选择,是进行自我接纳。你可以不断地给自己进行"接纳一切发生"的暗示,也可以选择正念疗法,抑或通过娱乐的方式来转移注意力。总之,你要做的就是和负面的感受和平共处。而和平共处的方式,就是一切如常地生活。

◆ 自律法则四：懂得休息的重要意义

假设你的身体是一块电池，那么睡眠就是在给身体充电。没有足够的电量，身体便不会发挥自己的机能。可是，如果在身体发挥机能的时候，后台有太多运行的程序，不仅会消耗大量的能量、让我们迅速疲惫，也会让我们无法发挥最大的潜力。

因此，充足的睡眠是必要的，其他形式的休息也是必要的。你可以把放松、娱乐当作是在给自己清空后台运行程序。它们并不是在浪费时间，反而是对自己有利的活动。你可以选择出门散步，和朋友聊天，或者安心地品尝一顿美食。无论什么休闲活动都好，选择你喜欢的即可。

◆ 自律法则五：拥有规律的作息

这一条并不是要让你早睡早起，每个人的作息不一样。重要的不是早睡早起，而是能够在一个固定的时间醒来。

不规律的作息，会给大脑以"环境复杂多变"的暗示。它会让大脑一直处于"踩着油门"的紧急状态，并持续消耗身体的资源。这是由人类的进化决定的。

环境复杂多变，对大脑来说意味着危险；而危险，则意味着需要提高警惕；提高警惕，也就意味着大脑必须时时刻刻调动起身体的资源，来对抗可能产生的威胁。

在漫长的进化过程中，这种身体机制让我们取得了生存优势。只不过，它在这个多变的时代具有两面性——如同喜爱甜食能够调动多巴胺，同时也给我们带来了肥胖的困扰。这种"踩油门"的状态，只要让自己拥有固定的起床时间，就会大大地改善。

◆ 自律法则六：学会时间管理

时间管理不同于计划管理，计划是无限的，而时间是有限的。我们无法管理无限的东西，只能管理有限的东西。

所谓时间管理，其实就是将事情分为轻、重、缓、急。在这一天有限、清醒的时间里，做哪件事情，对我们的人生才最有意义？仔细一想，其实每件事都会占用我们的时间。所以，时间管理就是在事情与事情发生时间冲突的时候，选择放弃哪一个的艺术。

◆ 自律法则七：掌握投资思维

投资思维，是一种关注长期收益的思维模式。自律需要定力，而这个时代，却又注定是一个浮躁的时代。

你必须明白自律给你带来的长期收益是什么？是更健康的身体、更安稳的情绪、更稳定的亲密关系？还是更持续的、多维度的成功？

它与短期成功天然就是矛盾的。投资思维能让你在冲动的时候沉静下来，知道自己在做什么，以及终将收获什么。

◆ 自律法则八：把好习惯当成生活的一部分

跑马拉松是一件困难的事，但如果把行走当成生活的一部分，人生这场马拉松或许就会变得轻松许多。

所谓习惯，就是把某些事当成自己生活的一部分。读书和锻炼这种公认的好习惯也是如此。在刚开始的时候，养成习惯是困难的。但你可以使用"微进化"的概念，每天只需要抽出 5 分钟时间，你就可以有意识地养成你想要的任何好习惯。

◆ 自律法则九：改正坏习惯

我们可以把习惯分为两种：一种是对自己有益的，一种是对自己有害的；再加上时间的长短维度：一个是长期的，一个是短期的。

把这四个维度进行组合，我们可以得到：对自己长期有益的；对自己短期有益的；对自己长期有害的；对自己短期有害的。

在绝大多数情况下，它们都是互相矛盾的。在这个时候，就凸显出了"轻重缓急"的重要意义。当两种选择彼此冲突的时候，你必须选择放弃哪一个，而放弃的那一个就是你的坏习惯。

◆ 自律法则十：把自己放在自律的环境中

无可否认，就算再有自制力的人，也无法避免环境的影响。想要自律，聪明的办法是创造一个容易自律的环境。

如果你觉得玩手机浪费时间，那么就把手机放在看不到的地方；如果你总是忍不住想吃零食，那么就别把零食放在家里；如果你有很多贪玩的朋友，那么要做到自律，几乎是一件不可能的事。

不要过分挑战自己的局限性——我们都应该承认这一点，然后对自己的环境加以改造。你总是可以做点什么的，哪怕只是不让自己去接触放纵的环境。

◆ 自律法则十一：建立情感连接

理性和感性都是一种能量，有智慧的人会力图取得两者之间的平衡。

没有情感，我们就会失去最基本的动力。反过来说，充沛而健康的情感，则会增加我们的动力。情感连接是让我们拥有情感能量的核心。

这些情感关系包括伴侣、家人,以及友谊。不要忽视他(它)们,因为投资情感和投资你的知识、身体健康,以及你的银行账户一样重要。

◆ 自律法则十二:保持热情

如果说这个世界上有什么特质,可以为一个人提供源源不断的"动力",这个特质就是热情。这是每个人与生俱来的天赋。

对一件事有热情的时候,我们可以废寝忘食,甚至为之付出生命的代价。只不过,这种天赋偶尔也会被浪费在对我们不利的事情上,比如,酗酒、游戏、赌博。幸运的是,热情是不会消失的,只要加以引导,它就可以回归正确的方向。

以上所有的法则,都有利于培养自律。继而在漫长的人生道路上,保持成长的动力。

要让每时每刻，都富有意义

时间是什么？

人们普遍认为，时间就是墙上的时钟所显示的时刻，是手机上显示的自己该起床、该工作，还是该休息的数字。

物理学家则认为时间并不存在。时间只是运动，是物质自身及位置的运动带来了变化，而这种变化显现了时间，让我们误以为存在时间这个东西。

运动是绝对的，它改变了事物的状态。从微观角度来看，事物每时每刻都在运动，并且这个运动的过程是不可逆的。人同样也是事物的一部分，在不断地运动着。从过去到现在，再到未来，都在朝着一个不可逆的方向运动。而这些都被称之为"时间"。

人生的意义，其实就是时间的意义。一个人最好的状态，似乎可以用"如何使用时间"来界定。许多人都没有活出自己最好的状态，原因在于他把自己的时间，浪费在了两件事上。

这两件事，被称之为"过去"和"未来"。

我知道，"要活在当下，这样才能够感受到生命的喜悦"这种话，你一定听了很多次。我们来聊聊其背后的原因,以及如何正确地使用你的过去和未来。

◆ 什么是"工作记忆"?

要讲清楚为什么"活在当下"如此重要,首先我们需要明白什么是"工作记忆"。

工作记忆是一种对信息进行暂时加工和储存的容量有限的记忆系统,常被比喻成"思维的黑板"。

从解剖位置来看,工作记忆集中在我们的大脑前额叶皮层,以及大脑头顶处的一部分顶叶区。如果把我们的大脑比喻成一台电脑的话,长期记忆则是大脑的"硬盘",里面存储着几乎无限的、海量的信息;而工作记忆则是大脑的"内存",它的容量是非常有限的。

和我们使用的电脑、手机一样,当我们越是专注地进行一项任务的时候,我们就越高效。而当我们同时开启大量的工作任务——如同电脑同时开启了视频剪辑、word 文档、3D 建模等软件,并且同时都在运作,那么每一个任务都将很容易变得卡顿。

工作记忆和短期记忆不同。短期记忆只是对信息的短暂存储,而工作记忆除了存储之外,还包括对信息处理和加工的过程,因而是学习与记忆、演算与推理、计划与决策、语言与理解等高级认知能力的基础。

人的工作记忆容量平均只有 4 个左右,这 4 个不是数字,而是"组块"。也就是说,人们会对信息进行分组,并储存在工作记忆中。最常见的就是身份证号码,人们在进行记忆的时候,往往是记忆前 3 个代表地区的数字,然后是紧跟着的 3 个数字,接着则是由自己的出生年月日组成的数字，以及最后 4 个数字。背诵的时候则往往也是重复记忆的过程。

笼统点讲，你的工作记忆，很大程度上决定着你的智商高低。

有的人工作记忆容量天生多一些，有的人则天生少一些。这都是正常的。多和少对生活或者工作，其实并没有本质上的影响。对工作记忆最有影响的，是一个人是否"分心"，即是否能专注于当下正在进行的任务中。每当我们任由自己的思绪，停留在过去或者未来时，都会影响我们的工作记忆容量。

有的时候，我们说别人"反应慢"，或者看上去"傻乎乎"的。其实，有不少并不是什么先天的缺陷，大概率是其内心停留在对过去的某种追忆，或者对未来的某种担忧之中。当然，更常见的情况则是两者兼而有之。他们的内心被各种各样的想法所占据，只有很少一点点被分配给了"当下"。

除了分心，工作记忆的容量还和长期记忆有很大的关系。

比如《最强大脑》节目里，那些记忆力超群的人，可以在短时间内记住大量的信息，他们似乎拥有过人的工作记忆容量。但事实上，他们中的大部分人只是经过长期训练，具备了将新信息与自己长期记忆中的信息相关联的能力，也就是间接给工作记忆扩了容。而这些长期记忆，既包括有意识的记忆，也包括无意识的记忆。但是否能够回忆起这些信息，则取决于我们的提取能力。

◆ **普通人如何给自己的工作记忆扩容？**

答案是"分心"的反义词——专注。

当一个人能够专注在一项任务中的时候，工作记忆就能够不断地从长期记忆中调取大量的经验，继而为工作记忆扩容——也就是说，工作记忆的数量没有变，还是 4 个。可是这 4 个工作记忆却包含着与当前任务相关的、越来越丰富的内涵。

这表现为写作的时候文思泉涌；抑或当我们滔滔不绝地进行演讲的时候，不经意间会说出连自己都难以想象的、充满智慧的句子；以及在处理其他复杂任务的时候，当我们专注地进入到心流状态，我们的灵感和解决方案似乎源源不断。

这背后都是工作记忆扩容之后，我们从长期记忆中提取了越来越多的宝贵信息，并让它们在工作记忆中结合的结果。

因此，我们可以说，专注才是真正的圣杯。一个人能够成为怎样的人，他经历了什么、看到了什么，都不如他的注意力重要。

环境决定论、经历决定论，都不如"注意力决定论"更能触及问题的真正本质。环境和经历是不那么充分的条件，但"注意力"则是充分且必要的条件。没有对那些悲伤经历的关注，我们就不会有所谓的创伤；没有对老师所讲的知识的关注，再好的学校也不会让我们汲取到养分。

一个人的注意力在哪里，他的成就便在哪里。你可以让自己停留在对过去的悔恨、谴责里，也可以让自己无尽地畅想关于未来的美好蓝图。

但对于过去和未来还有着更好的使用方法。

我们可以为未来设定"目标"，即确定价值观中，哪些更为重要。

当你确定了目标，你才能对此时此刻所做的事，有着清晰的判断。什么是对？什么是错？什么有效？什么无效？都因为可以促进目标的达成，或者阻碍目标的达成，而变得清晰可辨。

过去的意义，是积累对于完成"目标"的经验。假如你的长期目标是身体健康，接下来，你将这一长期目标拆分成了"减肥""早睡早起"和"戒糖"，那么过去的经验会帮助到你。无论是通过学习，还是你自己的亲身经历，你都知道吃太多炸薯条一定会变胖。白天睡了太多，又喝了很多咖啡，那么晚上必然难以入睡。而如果你把含糖饮料放在家里，那么你大概率会戒糖失败。

而"当下"则是"经验"与"目标"的结合。你通过自身积累的经验，全神贯注地投入到当下这个能够达成未来目标的活动中。如此一来，你就得到了宝贵的统一——过去、当下与未来的统一。

当下会变成过去，这能够帮助你积累经验。经验的增多，又能够帮助你设定更好的目标。当下的专注，更提高了这一切的效率。当你能够处于该循环中，你就能够不断地成长，从而让自己变得越来越好。

◆ **我们该怎么做到专注？**

人们直觉地认为，改变环境或者经历，可以让我们变得专注。但这不过是外部条件对于注意力起作用的方式。尤其是过去的经历，因为不可逆，所以无从改变。而在我们的内部世界，却可以通过练习，来强化我们的注意力。

其中最方便、简洁且有效的方式，就是冥想。你随时可以开始冥想，哪怕是此时此刻你正坐在椅子上，或者沙发上，只要能够保证挺直自己的脊柱即可。专注地呼吸、感受呼吸，当你发现自己开始从呼吸上分心时，那么就重新回到这个过程。这是可以让你掌握如何从分心到专注的技巧。接着，如同举哑铃一样，反复练习即可。

从每天 5 分钟开始，直到你能够完成 30 分钟。无论做任何事都可以这样循序渐进培养专注力。你不仅会变得更聪明，还能够变得更平静、更愉悦，更不容易被"过去"所纠缠，被那些想象的"未来"所吓跑。

因为你善用过去，妥立目标，专注当下。

要让你的每时每刻都变得富有意义，哪怕只是一呼一吸这样短暂的时间。

读万卷书，方能行万里路

任何一种"有益"的活动，当我们知道它为什么有益的时候，总是会增强我们行动的动力，就连坚持也会变得轻而易举。

对一件事物的认知，往往能够改变我们对它的态度。

很少会有人强迫自己吃饭，人们只会因为想要减肥、保持健康，而强迫自己少吃一点。这在很大程度上源自我们对于食物的认知——当然，这种认知是写在基因里的。认知既可以先天携带，也可以后天培养。

小时候的认知会影响我们长大之后对于事物的观感。比如很多人对于"香港电影"有深刻的记忆，因此，每当看到香港的街道，都会唤醒这种记忆，然后给出某种积极的评价，乃至产生想要去往这个城市游玩的冲动。

当前这个世界不可或缺的"营销活动"，同样是在改变我们的认知。就像即使我们厌烦广告，却无法避免广告对我们产生的影响。这就是单纯曝光效应。

美国知名投资家查理·芒格曾经说过这样一段有趣的话："如果我来到某个偏僻的地方，我也许会在商店里同时找到箭牌口香糖和

Glotz 口香糖。基于经验,我知道箭牌很不错,同时我对 Glotz 一无所知。如果前者卖 40 美分,而后者只卖 30 美分,那么我会为了省下区区 10 美分而选择自己从未听说过的东西塞进嘴里吗?"

影响他选择的最大因素,就是"熟悉"——熟悉的东西至少不会骗了你。而熟悉,是无数次营销行为所带来最基本的结果。这就是改变认知的力量。

当然,除了熟悉,我们还拥有另外一种改变认知的工具,那就是"利弊"。当我们能够找到事物之间确定的因果联系来分析利弊时,我们几乎立刻就会改变对于事物的认知,继而改变行动。就这一点而言,读书的作用不可替代。

碎片化的信息注定难以形成系统。但唯有读书,能够深刻改变我们一些根深蒂固的认知,继而长期影响我们的行动。

◆ 阅读可以增强你的自控力

阅读除了改变我们的认知,还可以辅助大脑的发育。与"视频"这种"投喂式"的信息不同,读书需要你主动进行思考,才能够理解那些文字所要传递的信息。

在阅读的过程中,大脑需要不断地处理和理解信息,并将其与已有的知识和经验进行联系和比较。这种学习的过程,能够促进大脑中新的神经元连接的形成,从而辅助大脑发育。尤其是前额皮质的发育。

我们已经知道,前额皮质影响着我们的自控力。阅读和冥想一样,能够显著增加前额皮质中的灰质和白质。当你能够养成阅读的习惯——尤其是阅读那些你无法立刻读懂的文字习惯,你的大脑就会不断地得到锻炼,继而在这种锻炼的过程里,你会拥有远超常人的自控力。

◆ **阅读能够提升情绪管理能力**

研究表明，通过阅读具有情感价值的文学作品，人们可以更好地理解复杂的人际关系和情感，并提升自己的同理心和情感表达能力。

故事中的人物无时无刻不处于某种行动之中。而我们只有通过同理心，才能够理解故事中人物的行动。从这个角度来看，阅读文学作品，是在用一种"富有乐趣"的方式来锻炼我们的同理心。

此外，阅读还能够帮助人们更好地处理情绪和应对压力，从而减少患上焦虑症和抑郁症等精神障碍的风险。这种功能可能与阅读能够激活大脑中的多巴胺和内啡肽等神经递质有关。

当然，情绪管理同样需要自控力的参与。强化的前额叶和大脑中的其他神经递质共同作用，让我们总是能够妥善地处理自己的情绪。

◆ **阅读的局限性**

前面已经说了坚持读书的好处，最后我想聊一聊阅读的局限性。读书很容易给我们一种"世界尽在我手中"的错觉。我们通过读书知晓了规律。有时候，这很容易让我们在社交之中，获得许多"话语权"。

的确，通过读书来摄取养分，让我们在沟通的过程中总是妙语连珠，让听者不知不觉地对我们所表达的内容产生兴趣与关注。这给了我们一种"自信"。这种自信，很容易让我们以为自己已经做到了——那是我们还不了解自己的记忆机制的缘故。

人的记忆分为两种,"陈述性记忆"和"程序性记忆"。

陈述性记忆,是指人对事实性资料的记忆,而程序性记忆则是如何做事的记忆。陈述性记忆是外显的,比如你现在正在学习的知识、看的书、经历的事,等等。这些内容在需要的时候通常可以用语言表达出来。

而程序性记忆则是相对内隐的,是和操作相关的,比如如何画五角星、骑自行车、游泳等。这些事情你不一定能描述出来,但是你记得怎么做。程序性记忆只能通过不断地重复练习才能形成。

凡此种种,也就是为什么很多人会说自己读过很多书,却还是找不到过好这一生方法与经验的原因。

读书很重要,它能够让你知道自己应该练习什么。时间是有限的,我们把有限的时间,用在哪里,哪里就会出结果。

书籍总是能够系统地、富有逻辑地记录前人的经验,告诉我们可以把自己的时间,用在哪些地方。

当你想学习管理时,你可以阅读德鲁克的《卓有成效的管理者》。通过阅读,你就会知道对一个管理者来说,最重要的不是"正确地做事",而是判断什么才是"正确的事"。这一洞见是管理者的指引,但他仍旧需要每天不间断地练习。

当你想学习投资时,你可以阅读格雷厄姆的《聪明的投资者》和《证券分析》。

当你想学习健身时,你可以阅读施瓦辛格的《施瓦辛格健身全书》。

当你想学习哲学,即一切知识之母时,你可以阅读中国古老的典籍——《大学》《论语》《中庸》《传习录》,阅读毛泽东、马克思、海德格尔、尼采、黑格尔的种种著作。它们都能够让你拥有陈述性记忆，找到路标。

路标很重要，但坚持走下去也是同样重要的。书籍是很好的寻找路标的方式，但行走这件事，我们需要自己来，并且一步也不能少。读书只是让我们少了一些寻找路标的时间，但它并不会把我们直接送到目的地。

这也是"读万卷书，行万里路"的真正含义。

改变固有认知，我们就成功了一半

许多年前，我还在北京工作的时候，因为有过成功戒烟的经历，每当被朋友问询戒烟的经验时，我便回答说，我是通过反复阅读一本书来戒烟的。那本书的名字叫《这书能让你戒烟》。

朋友听后十分不解，通过读书能戒烟？他并不相信。

后来，很多年过去了。我在 2022 年的年末，又接到了这位朋友的电话。他告诉我说，他终于戒烟成功了，并感谢我当年推荐的那本书。本来他还不相信的，可是有段时间没什么事干，就想把烟给戒了。于是把那本书买回来读了读，结果还真就戒成了。

我对朋友戒烟成功表示祝贺，但同时也开始思考：为什么只是通过阅读，就能让一个人戒烟？

◆ **认知，会改变我们对于事物的感受**

我翻找了很多资料，最终在《快感，为什么它让我们欲罢不能》这本书中，找到了一些启发。

书中讲述了几个十分有趣的实验，其中一个是关于红酒的。

测试人员将波尔多红酒分装在 2 个瓶子里，分别贴上"特级"

与"餐酒"的标签,有 40 个专家一致认为贴有"特级"标签的红酒值得细品。而只有 12 个专家偏爱贴有"餐酒"标签的那瓶。

专家们认为,"特级"红酒喝起来"让人愉悦、层次丰富、味道适中、饱满全面"。而"餐酒"喝起来"口感差、余韵短、层次少、味道浅、有瑕疵感"。

其他测试也是同样的:如果告诉被试者,高蛋白营养棒是由大豆蛋白做的,他们就会觉得味道不好;如果橙汁颜色鲜艳,就会让人觉得味道更好;如果告诉被试者,他们吃的酸奶和冰激凌都是全脂或者高脂的,他们就会觉得更可口;孩子们认为,从麦当劳袋子里拿出来的牛奶味道更棒;从带有可口可乐标志的杯子中喝的可乐会让人感觉更好喝。

总之,这些实验都指向了这样一个规律:我们的认知,会改变我们对于事物的感受。

即使不需要这些实验,我们也能够通过常识来明白这一点。比如,就同一张照片来说,当我们喜欢一个人的时候,我们会觉得他平静的表情是"充满魅力的"。可是当有一天,我们开始讨厌这个人的时候,同样平静的表情就会让你觉得虚伪、狡诈,甚至令人作呕。然而,那个人本身并没有发生任何改变,改变的只不过是我们对于这个人的认知。

顺带一提,这也是如今营销行为大行其道的原因。品牌生产的产品也许并没有什么太大的区别,可不同营销带来的不同认知,就让这些产品有了"本质"一般的区别。

我们由此得知,规律本身是中性的。我们更在意的是如何使用这种规律,来让自己变得更好。

回到开始时的那个问题：为什么一本书能帮助一个人戒烟？原因很简单，就是它改变了一个人对于吸烟这件事的认知。这本书有一个好处，就是它在开始的时候，不仅不会让你停止吸烟，反而会鼓励你吸烟，并且最好是一边吸烟，一边阅读这本书。

在这个过程里，作者不断地讲述尼古丁的上瘾机制，以及为何会对其产生依赖——那不是一种"习惯"。大部分吸烟者都声称吸烟是一种习惯，但事实上，这只不过是一种借口罢了。吸烟从本质上说就是对尼古丁的依赖，然后伪装成了"习惯"的样子。

想想看，那只因为感染了铁线虫，而"自愿"溺水的螳螂。它在死之前，可能认为溺水而亡是自己的宿命。但事实上，是它感染的铁线虫，需要在水中产卵。

这本书还鼓励吸烟者，感受吸烟时自己的状态：那真的是享受吗？还是一种痛苦？在这个过程里，吸烟者通过阅读，改变了对于吸烟的认知，并且最终对"烟"这种东西，会感到深深的厌恶。读者会在书的结尾，吸完最后一支烟，然后彻底告别了对尼古丁的依赖。

那么，这些事情对我们来说，有什么启发呢？答案是：如果你想让自己开始一种"困难"的行为，以使自己的生活发生某种有益的改变，那么你要做的最重要的一件事，就是改变自己对这个行为的认知。

举个简单的例子，为什么有的人对于健身这件事十分热衷，而其他人却并不喜欢？因为人们对于健身的认知是完全不同的。

喜欢健身的人，想到健身的时候，会联想到自己健康的身体、完美的身材，以及健身给心灵带来的种种好处。他们改变了对于健身的认知，并因此改变了对于健身的感受。事实上，健身对他们来说已经变成了一种"快感"。

这个过程并不容易，但只要完成了这个认知改变的过程，那么健身根本就不需要强制。它就像吃饭、睡觉一样，会让健身者感到愉悦。其他与自律相关的行动，都是如此。

人的本能总是趋利避害的，没有人甘愿在痛苦中坚持做某件事。一个人长期、积极地去做这件事，必然是因为他在此过程中感受到了"快感"。

在更为世俗的层面上，投资也是如此。为什么有人看到股票下跌而感到高兴，有些人却感到恐惧？巴菲特曾这样坦率地说过："我年轻的时候，也是一看到股市上涨就非常高兴。后来我读了格雷厄姆写的书——《聪明的投资者》，其中第八章告诉投资者应当如何看待股价波动，原来阻挡我眼光的障碍物马上从我眼前消失了。低迷的股价从此成了我最喜欢的朋友。拿起这本书，真是我一生中最幸运的时刻。"

在这个过程中，也是同样的机制在起作用——他对于股票上涨或者下跌的认知，发生了改变。当然，股票的知识过于复杂，一个人需要学习大量的企业分析知识，这是开始投资的前提条件。只不过，拥有知识并不能够成为优秀的投资者，情绪的管理才是关键。

◆ **如何改变对事物的认知？**

对于事物的不同认知方式，意味着对于事物的不同态度。而对于事物的不同态度，则最终影响一个人的持续行为。持续行为造就了性格，而性格则会影响其一生。

你不可能通过读一篇文章就做到这一点。事实上，改变认知既需要时间，也需要阅历。因为认知的改变，是一个神经回路重塑的过程。而重塑神经回路，并不是一蹴而就的，它如同建一座堡垒，需要不断地添砖加瓦。

当然，至少有一件事是值得高兴的，那就是困难的事，并不等于无法做到。

想要改变认知，其实有两种"捷径"。这两种捷径，就藏在那些古老的教诲里。

第一个捷径，是读万卷书。

阅读是一个主动思考的过程——尤其是读那些你第一遍读不懂的东西。这种阅读，会通过主动思考，从而大大地强化你的认知能力。如同举重练习，能够让一个人在现实的生活里举起更大的重量。这种认知练习，能够让一个人在其具体的实践之中，进行更为深刻的认知活动，从而发现问题、解决问题。

第二个捷径，是行万里路。

读万卷书能增加一个人的知识。但只有知识是远远不够的，他还需要掌握大量的事实，以及常识。这一点，只有"行万里路"才有可能做到。

行万里路，自然并非特指"旅行"。而是要求一个人去参加具体的社会实践活动，并在实践中去学习和思考。因为只要参与了实践，就会遇见难以解决的问题。而难以解决的问题，并不是因为问题本身无法解决，而是因为他（她）并未触及问题的本质。这种深陷具体困境的经历，会迫使其对事物产生认知的激情和欲望。

总而言之，一个人的认知能力，从本质上来说，就是在掌握了大量的事实材料之后，能够在不同事实之间，建立正确的因果联系的能力。

而这篇文章，同样也是这个"因果联系"的一部分。这个因果联系就是 —— 通过主动改变我们对某一事物的认知，我们就能够驾驭我们的快感。接着，让自己对那些足以改变人生却难以坚持的事，如同上瘾一样欲罢不能。

学会深度思考，别活得千篇一律

之前我在一篇文章里，有写过一句关于思考的话："只要一个人会思考，无论在怎样的时代，都能活得体面。"

那么，一个人怎样才叫会思考？思考的根源，又是如何来的？

◆ 怎样才叫会思考？

会思考的标准其实只有一个：就是当一个人的所思所得能够准确反映客观现实，并且顺应规律的时候，我们就会说这个人懂得了思考。因为他（她）可以通过自己的所思所得，让这个世界按照自己的目标和意愿进行改造。

譬如我们想要建造一栋房子，总会先思考地基要怎么打，墙壁要怎么垒，房屋内的结构要怎样安排，这样整栋房子建好了才能住人，才不会轻易倒塌；我们的身体生了病，想要治好，也会先想吃什么药才能治病，接着再对症下药；我们想要赚钱，同样要先思考自己有什么技能、服务或者产品是人们需要而自己又能够提供的，最终才能赚到钱。

有地基，房子才牢固；对症下药，才能治好病；满足别人的需求，才有赚钱的可能性。这些都是顺应客观规律。

许多人都在一定程度上，遵循着这些规律生活。从这个角度来看，即使他们并没有在思考，但仍旧是在应用思考的结果，或在进行无意识的思考。

◆ 思考可以是无意识的，也可以是主动的

无意识的思考是照葫芦画瓢。大多都是前人走过的路走通了，自己也跟着走。

譬如，以前有人在科举中考上了状元，自然就会让读书人对科举考试心向往之。有人做房地产赚到了钱，这个行业就会有更多的人涌入。抑或一家饭店推出了受欢迎的创意菜，很快就会有许多饭店模仿。随之，创意菜也就变成了平常菜。

有时候，这些跟随者也声称自己是在思考。因为他们能够回答出自己为什么这样做，背后的道理又是什么，但仍旧是一种重复——重复别人说过的话。

无意识的思考自有其好处。省时省力，而且经过验证。只不过缺点也很明显。第一自然就是蹈袭前人，前程不远。这主要体现在商业竞争中，一条路走的人多了，所有人都赚不到钱。第二则是当有一条前人没走过的路，没有经验可以参考的时候，就会变得束手无策。

而有意识的思考却不一样。无论一条路有没有人走过，主动思考的人都能走。没人走过的，他们能想出办法。有人走过的，他们能找出问题，继而发现更好的方法。

◆ 如何做到有意识地思考？

所谓有意识地思考，其实就是自主自发地，让自己的思想符合客观规律。

那么，如何做到这一点呢？

首先，思想不是凭空来的。人脑会产生思想，但人脑只不过是思维的物质器官，并不是思维的源泉。思维的源泉，是意识。而意识，则是对客观存在的主观映像。这种主观映像，遵循着由特殊到一般的普遍规律。

譬如，我们有一个灰色毛发、大眼睛，差不多两手环抱大小的，四肢着地，可以汪汪叫，还很可爱的小东西。此时，我们对这个小东西的认识，就是特别的。直到我们见到的同类小东西多了，认识就会发生一种飞跃的转变，那么"一般"的概念就产生了。我们为其命名，称之为"狗"。这便有了思考的材料。其他诸如桌椅板凳，乃至经济基础、上层建筑、市场中无形的手等，都离不开这个普遍的规律。

又基于归纳总结，我们知道狗都会汪汪叫，但经过训练后都会看家护院。如此，我们就在概念之间建立了判断。这就是思考了。

判断合于现实，就是正确的。不合于现实，就是错误的。

譬如，我们判断狗经过训练，不只可以看家护院，还可以说话，却发现无论如何都做不到这一点，这就说明我们的判断出了错。这就需要重新思考，做出合乎现实规律的修正。

人脑对客观世界的反映过程，是对外界输入的信息不断地进行加工制作的过程。可以说，没有外界信息的输入，就不会有意识的产生。而没有意识的产生，就不会有思考的材料，继而大脑就不可能会有思考了。实践是检验真理的唯一标准，这句话是千古不易的。

但除此之外，实践也是认识真理的唯一道路。

主动思考的前提，就是让自己积极地参与改造社会的实践。先在感官材料上，获得一些片面的积累。积累到了一个临界点，大脑的认知就会产生质的变化。能够把经历过的每一个片面的、特殊的事件或经验，改造成一个更全面、更普遍的判断与道理，进而形成因果联系。

在接触新领域的时候，人们经常会失败。但失败得多了，就意味着经验多了。不知不觉地，心里就会产生一些概念。接着，由着这些概念看到了一些关联，并逐渐有了一些初步判断。这些判断同样会积累，直到有一天，心里的认知发生了突变，就知道正确的规律是什么了。

失败乃成功之母，其实说的就是这个过程。

曾经不比如今，读书没有那么容易。而现在只要打开手机，就会有看不完的书。这是时代的馈赠，这个现状固然是令人喜悦的，因为它意味着人们可以找到更多的规律，得到更多前人总结的经验教训。而坏处呢，就是人们容易走入经验主义的误区，变得不愿意思考了。

如果我们看见一个道理好，拿过来就用，也不管自己拥有的条件适不适合，只是唯书本论。好像书里有的，就是不容更改、不可置疑的真理。

殊不知，现实的世界总在发展，外部的条件也总在改变。曾经适用的规律，在新的时代、新的事物中，并不一定完全适用。

我举个简单又极端的例子就容易明白了。以前"君君臣臣父父子子"那一套，在农业社会中，的确是合适的生产关系。这个关系能够促进社会稳定，改善生产力。如今却全然不是了。

要做到与时俱进，就必须掌握思考的规律，学会自主自发地思考。这样才能够真的去改造现实，让这个世界不断变得更好。

因此，想做一番事业的人，想要更好地思考，就必须不能懒惰。手脚首先要勤快，先力求在感官上占有思考的材料。接着，脑子也不能懈怠，要勤于总结、归类，提炼概念。然后大胆地在概念之中发现联系，并通过实践检验这种联系。

久而久之，自然能够让自己的思想合于客观世界的规律，达成自己的目标。如此一来，也自然就变得善于思考了。

打开大门的钥匙,一直在你手中

有读者问我,怎样才能在工作中全力以赴?事情的起因是这位读者发现:自己现在做任何事几乎都变成了习惯性拖延——本来有一个月时间可以慢慢完成的策划案,总是会拖到最后三天才去做。而赶出来的东西必然经不起考验,在和同事们分享的时候,他自己也觉得有些尴尬。

其实要战胜拖延,做到全力以赴并不难。最重要的是,我们要对为什么会对事情采取消极的态度,并产生拖延的行为,有一个正确的认知。

一个显而易见的事实是,我们只能对那些我们有能力达成的目标全力以赴。如果我们要求自己去做那些困难的、超出自身能力所及的事,我们就会畏缩不前。

如同我们可以拼尽全力去和一只凶犬搏斗,但如果我们面对的是狼就挺可怕的,若是面对一头大象,那么全力以赴就和送死无异——当然,在那种情况下我们会选择逃跑。正如我们在面对超出能力之外的事情时,总是选择用拖延的方式去应对。庆幸的是,我们可以通过拆解目标来解决问题。

◆ **学会拆解目标**

任何一种目标,总是可以不断地细分成我们力所能及的若干小的目标。

譬如,一天读完一本哲学著作常常是困难的,无法完成的,所以是必然会拖延的。但如果一天只读一页书,你总是会欣然面对,甚至乐在其中——毕竟只有一页而已,战胜起来也太轻松了。

也就是说,如果你下意识地对某件事拖延,并不意味着拖延是你的本性,只是意味着你还没有把目标拆解,拆解到自己力所能及的程度。

你无法独自战胜一头大象,但你可以布置陷阱,可以请求朋友们的帮助,可以和朋友们一起商定合作计划。有人负责引诱,有人负责扰乱大象的注意力,并逐渐地将其吸引到陷阱之中。

前不久,我看到网上有个提问说道:"那些顺利渡过难关的人都做了些什么?"

其中有一条高赞回答是:"永远让自己有解决问题的能力。"

这是一句看似正确的废话,但事实上,这也是渡过难关的唯一道路。

钥匙从来都在你手中。承认自己的能力有限,却仍愿意往前挪动每一个看似微不足道的,甚至连自己都会嘲笑的一小步,就已经很棒了。

挨过漫漫长夜，终将看到黎明

家里有小辈问了我一个有趣的问题："如果我现在离开学校，开始工作，怎样才能一鸣惊人呢？"

一夜成名的故事，总是备受瞩目的。明星因为一部戏而爆火；公司一朝敲钟，市值过百亿；昨天还销量惨淡的产品，忽然就成了人人争相抢购的爆款。

无可否认，这些都是有本事的人才能做出的事。他们一鸣惊人，为世人所知。可问题是，他们真的是"一鸣惊人"吗？

◆ 成功需要漫长的等待与坚持

一个人的本事从来就不是一天成就的，而许多人还不明白的是，所谓一鸣惊人，其实不过是那"一鸣"终于被人们听见了而已。在这之前，总是要经历很长一段无人问津，甚至被人嘲讽的日子。

开一家店赔三年钱是常有的事。做投资，也很少会想着五年内能赚到钱。写作这个行业也是一样，写出来的东西总要挨过十年八年没人看的日子。

问题并非怎样才能一鸣惊人，而是如何保证自己可以等来最后那一鸣？答案当然不是苦等。吃最后一口面包能吃饱，但只吃一口面包不会吃饱；最后一鸣可以惊人，但只等待最后一鸣，就注定永远也无法惊人。

可困境又在于，默默无闻的日子是枯燥的，是注定缺少动力的。只要开一家饭店，每月就固定有几十万的利润，那么这个世界上就很少会有人坚持不下去；只要投资，每年在固定的时间都能够拿到20%的利息，还能保本，那世界上会有无数的投资大师；只要写一本小说，就能够赚到一百万，我相信大部分人都能够把小说写完。

但面对不确定性的时候，坚持就变得很难了。因为阻力太大，而动力不足。只有当收益可观，并且可以确定的时候，动力才会变得巨大；只有当事情非常容易的时候，阻力才会变得无限小。也就是说，对于自己想要成就的事业，如果想能够在枯燥的日子里坚持下去，并最终等来一鸣惊人的那一刻，只有两个办法：要么提升动力，要么降低阻力。

未来有着永恒的不确定性，我们的确可以依靠想象来给自己打气，但不确定依然是存在的。商定的合同会作废，谈好的生意会泡汤，事情做到一半看到的也许不是希望，而是绝望。因此降低阻力就成了最保险的方法。

◆ 怎样降低阻力？

唯有依靠"习惯"。通过每天重复的行为，让某种行动变成可以自动化运行的事。任何事情，只要能够每天花一点时间重复，将其变为习惯，那么这件事的阻力就会降到最低。

一个开店的人，每天都会准时给店铺开门、铺陈货物，思考如何营销；一个投资者，即使遭遇亏损，每天也会认认真真地研究财报和商业模式；一个作者，即使写的文字没有人看，也会每天写上一点，保证基础的创作。

这些行为在本质上都是养成习惯，降低阻力的过程。而阻力降到最低的好处，就意味着即使在你状态不好的时候，仍然可以依靠所剩无几的动力，去做这件事。

每一个挫折，都会打压一个人前进的动力。甚至有时候，会让人选择全盘放弃。而在成功之前，又必然需要经过漫长的积累经验、学习技能的过程。那是属于失败与挫折的漫漫长夜。在这漫漫长夜里，习惯就是一盏彻夜不熄的明灯。

人需要有能够超越他人的能力，克服他人无法克服的困难。先忍常人之所不忍，而后能为常人之所不能。

习惯是唯一能够在动力不足的情况下，还能让一个人朝着目标自动化运行的系统；也是为数不多能帮助你在那些看不到希望的日子里，挨过无人问津的漫漫长夜，直到最终变得一鸣惊人的方式。

爱自己的九种方式

在这个世界上,最重要的并不是我们和父母、恋人、朋友的关系,而是自己和自己的关系。因为任何一种形式的关系,想要走得更远,让彼此都感到舒适,没有爱是不行的。这种爱永远不可能从他人身上得到,只能从自己身上得到。要先学会爱自己,才能推己及人,这是再简单不过的道理。

可是,怎样才算爱自己呢?

◆ 分清楚喜欢的和想要的

喜欢的和想要的,往往不是一回事。

因为喜欢蛋挞的味道,所以当吃到蛋挞的时候会感到开心——这是喜欢。但当我们开始渴望吃更多的蛋挞,并不断地向嘴里去塞,却不曾去体会它真正的味道时——这是想要。

如你所见,喜欢和想要其实并不冲突。如果没有喜欢带来的美好感受,我们就不知道自己想要什么;如果没有想要提供的动力,我们就没办法得到自己喜欢的事物。重要的是不要混淆它们。

当我们把"喜欢"当成"想要"的,我们就会忘记自己当初是为什么而出发；当我们把"想要"当成"喜欢"时，我们甚至会去追寻一些无关紧要的事物——我们会沉迷于制订计划，而非欣赏目的地的美景。

◆ 善于使用"自我实现的预言"

你是谁？这取决于如何给自己足够强大的信心和正念，而不是由别人的标签来定义。

◆ 专注的力量

一个人只有在专注的时候，才能够发挥出自己最大的效能。

幸运的是，专注是一种可以习得的能力——当然，它也是可以退化的能力。

如果你没有办法在工作的时候专心致志，我们就会说你专注的能力退化了。但如果你能够在娱乐的时候，让自己练习专心娱乐，那么你专注的能力就会得到强化，并应用到你的工作之中。

娱乐是为了更好地工作，这句话不假。

◆ 彼此倾听，相互尊重

人与人之间，只要相处便会产生关系，也会存在一定程度上的"权力斗争"。而话语权，就是权力斗争的一个侧面。

倾听其实是尊重他人的表现，而总是打断对话的行为，则隐含着剥夺的意味。

权力斗争是一个问题，逃避或不承认问题，都没办法从根源上解决问题，只会让问题被掩盖在地毯之下，成为点燃其他问题的导火索。

要看清楚话语权的背后存在着权力斗争的本质，愿意和倾听自己的人在一起，不愿意靠近总是打断你的人。推己及人，你也学会倾听他人。

选择和那些懂得倾听你的人在一起。同时，也练习着倾听他人。

在健康的关系里，权利是彼此赋予的，尊重是相互的。

在病态的关系里，权利是被剥夺的。而一时的话语权的剥夺，会带来其他权利的剥夺。

◆ 学会自爱

明确什么是自恋，什么是自爱。学会自爱，而非自恋。

这两种品质看起来很相似，但底层却是完全不同的两种东西。

自恋是在与他人的比较中，得到满足感。强调的是：我要得到比别人更多的东西。

自爱是在与自己的比较中，得到满足感。强调的是：我要比昨天的自己做得好一些。

◆ 明白自己真正的需求，不要被消费主义绑架

我们做一件事，总是有其最终目的。比如买一把锤子，是为了把钉子钉上墙；把钉子钉上墙，是为了挂那些充满美好回忆的照片。如果把这个问题不断地问下去，将会得到一个终极答案。亚里士多德将这个答案定义为"幸福"。

我们是为了自己的幸福，而做所有事情的。

当然，你不必这样不断地追问下去。很多时候，只需要把问题问两次，你就能够得到自己真实的需求。

想一想自己的真实需求，也许会找到更好的解决方法。

当你购买一块金光闪闪的手表的时候,也许你想要得到的不是那块手表,而是尊重。那块手表本身没任何错。但当你还负担不起的时候,有更好的方法可以让你得到尊重。比如提升自己的品德,学会谦卑,做到自律,以及帮助他人。

◆ 爱自己的缺点

不能爱自己的人,往往是不懂得原谅的人。不原谅自己的缺点和过去是一个障碍,就像一堵墙一样挡在了我们与幸福之间。过去的错误是有意义的,但它最大的意义,并不是让一个人知道"你不行"。而是告诉我们,下次可以选择更好的路。

◆ 学会感恩,学会赞美

感恩和赞美并不只是对他人有好处,也对自己有好处。你对待他人的方式,决定了他人对待你的方式。因此,当你愿意赞美时,就会收获赞美;当你开始释放善意时,就会收获善意。

◆ 对自己狠一些

这可能是最重要的自爱法则。我们生来并不是为了吃苦的,这一点固然没错。可这个世界本身,并不会因为我们不想吃苦,就不让我们吃苦。

事实上,人生本身就是由无尽的苦难组成的。

如果能够吃足够多磨砺自己的苦,那么在面对人生中最大的苦难时,也会更体面、更轻松些,也更容易度过些。

第二章

Chapter Two

放下内心的执着,与自我和解

放下内心的执着，与自我和解

人的命运是由什么决定的？答案大体可以分为两类。

第一类认为人的命运是天定的，上天注定的命运，是无法改变的。

第二类则认为人的命运掌握在自己手中，是可以依靠某种方式改变的，重要的是我们如何选择。

譬如在游戏与读书之间，选择读书的人，总会和选择游戏的人命运不同。很多人认为，选择会决定命运。但一个人如何选择，终究是由某种潜意识决定的。

对这个问题，心理学家荣格给出了一个更好的答案，他认为："你没有觉察到的事，会变成你的命运。"也就是说，我们究竟去如何选择，并非来自那些我们可以觉察到的事，而是来自我们无法觉察到的事。

◆ 什么是没有觉察到的事？

要知道，人的意识事实上是由三个部分组成的：潜意识、前意识，以及意识。

潜意识由不可接受的想法和情感构成；前意识则由能够变成意识内容的，可接受的想法和情感构成；意识则是我们的意识觉察，也就是意识到我们自己产生了怎样的意识。

譬如，我们总是会知道自己感到愤怒、开心、不适，或者某种确切的渴望。

潜意识是由我们所逃避的事物组成的，因此我们很少可以直观地感受到它。在绝大多数时，我们只能意识到自己愿意接受和感知的，并认为那就是我们人生的全部。

我们看似在使用"意识"来自由选择自己的人生，但事实上，我们始终都在被所恐惧的事物左右。

在这种状况下，我们做一件事，并非想要得到什么，而是为了避开。

因为我们想要避开无聊，所以我们打开手机，不断地刷新。

因为我们想要避开卑微，所以我们拼命地追求金钱与社会地位，比如豪车、名表、房产，以及职场、官场的升迁，等等。

因为我们想要避开痛苦，所以我们执着于人生里所有能带来快乐的东西。

◆ 无法放下内心的执着，最后都变成对自我的强迫

这种强迫本身无法改变无聊、卑微，以及痛苦的现状。事实上，在所有情况下，无一例外，它都变成了问题本身。

譬如不停地刷新手机 App 这件事，在开始的时候，我们会得到一些快乐。但每多刷一会儿，我们的快乐就会减弱，直到荡然无存，只剩下焦虑、痛苦。可一想到停下来就会涌现的无聊感，我们宁可让这种痛苦存续下去。

而我们之所以无法永远快乐，是因为"回报递减定律"的存在。情感体验若是连续重复，就无法产生相同的效果。第一个蛋卷冰激凌味道很美，第二个也还不错，第三个就会让你感到恶心。

这一定律对生活中的所有事物都适用。

一切都需要平衡，巨大的快感必然会伴随着巨大的痛苦，否则这种平衡就会被打破。

这就是我们被自己的潜意识所支配的结局。

我们以为自己会得到快乐，但我们最终得到的只有痛苦。并且这种痛苦并非单纯的痛苦，而是一种加倍的痛苦——因为我们对其预期是快乐的。巨大的落差感让一切都变得更难以忍受。

在压力之下，我们无法思考，只能去做那些自动化执行的事，做那些我们坚信会为自己带来快乐的事。然而那也正是我们此时此刻，倍感痛苦之事。

命运的齿轮就这样转动了，我们愈陷愈深，直到发现时光蹉跎，无法回头。

而当我们不再被自己的恐惧所支配，方能做到真正自由的选择。

我们要直面恐惧，让恐惧从潜意识，来到我们的前意识中。如果感到无聊，就让自己看清楚它的样子，不要做任何事来避开它，也不要使用你认可的任何方式来让这种无聊得到缓解。

与此同时，通过接纳自己的负面感受，与自己和平共处，才能够接纳完整的自己。

适当放松，适当失控

当和不同的人相处，总是需要不同的方式。你不能用和成年人相处的方式来对待孩童，也不能用和男人称兄道弟的方式来面对一位女士。在和自己相处的时候也一样。事实上，我们之所以不断内耗，是因为和自己相处的方式出现了错误。

◆ 内心深处的两个自我

这个世界上的一切事物，都可以一分为二地看待。

人的心里都存在着两个自我：一个是想要成为的，一个是想要避开的。前者往往象征着"控制"，后者则意味着"失控"。

当我们能体验到控制感的时候，我们常常会感到喜悦、欢愉。譬如，我们和朋友相处的时候妙语连珠，高效且有质量地完成工作任务，按照目标执行了自己的减肥计划，等等。这个时候，我们认为自己是成功的。

与之相对，失控则充满了痛苦、内疚与自责。它让我们的神经紧绷，甚至开始厌恶自己。譬如，在一次聚会上说了一句不得体的话，面对应该完成的工作时却束手无策，晚上十点钟在不停地打开冰箱之后，还是忍不住点了一份外卖……这个时候，我们认为自己是失败的。

◆ **学会放下**

想象我们的手里有一张纸，这张纸象征着想要避开的自我，以及它所带来的所有负面体验。当你希望将这张纸推开的时候，会捏着它，把它推得很远。可维持推开的姿势哪怕一分钟，都会让我们感到疲惫。

绝大多数情况下，我们与失控的自我相处的方式是试图与其对抗，并将它赶出自己的世界。可结果却为此耗尽了能量。也有人尝试将纸丢到地上，用逃避的方法来忽视它。简单来说，就像通过工作、娱乐，或是睡眠等来转移注意力。但糟糕的是，这些可怕的无力感还是会回来。

丢掉和推开同样都会消耗一个人的精力。事实上，这样做消耗的精力还会更多一些。问题无法从根本上解决，反而为了逃避，花掉了许多时间，也做了很多不该做的事。

那么，我们该怎样对待这张纸呢？答案是：把它放在你的腿上，将你的手腾出来。你会发现这张纸仍然存在，但它其实并不会影响你的动作。

这就是与内心里那个负面自我的相处方式：放下。

放下并不意味着将其推开，而是不再举着它，不再丢掉它，把它放回到它该去的地方。即放下对于失控自我的想法，以及它所带来的负面感受的控制，转而去控制自己的行动。

我们需要练习的，并不是让失控的想法和负面感受不再出现，而是即使在它们出现的时候，仍然按照自己的价值观去行动。

一边想着自己并不愿意面对的事，一边在做的时候体验着"讨厌自己的挫败感"，然后给自己穿上得体的衣裳。这种练习听起来违背了直觉，但这就是真正地放下。逃避的冲动不可避免一定会出现，但要知道，它是我们成长道路上的一部分，是我们需要面对的另一个自我。

因而，与其在它出现的时候，立刻选择放弃，随之摆烂与厌恶自己，不如在开始的时候，就让自己体验如何一边在内心里厌恶不愿面对的事，一边在现实世界里正常行动。如此反复地练习，直到脱敏，你就真正地做到了放下。即接纳着内心里那个失控自我的想法与所有负面体验，但不对其有所回应，而是按照自己真正的价值观去行动。

孤阴不长，独阳不生。我们内心的两个自我会因这种阴阳平衡的状态而和谐共处。这是避免内耗，找回松弛感的最好方式。

欲望断舍离

如果食物中混合了多种有着鲜明对比的味道，那么我们就会更容易暴饮暴食。

在巧克力冰激凌中加入水果粒会提升口感，辣味十足的鸡翅让我们感到过瘾，外表松脆、内部酥软的薯条让我们欲罢不能……这种对比不只是在食物中——无论是艺术还是短视频里，鲜明的对比总是能够吸引更多的注意力。照片中的强烈光影、青色与橙色组成的互补色调、视频一秒变妆的强烈反转，等等。

我们如此痴迷于这些，原因在于我们对于刺激的渴求。

在每天 24 小时中，大部分时间我们都是麻木的，抑或稳定变化的。剧烈的改变——无论是什么，只要不会危害我们的生命，总是能够攫取我们的注意力，分泌让我们感觉良好的"多巴胺"。我们因此而兴奋，心潮澎湃。

只不过，巅峰来得有多快，低谷来得就有多快。于是我们总是不满足，常常焦虑难言。我们渴求更多，那意味着更高的高峰，也意味着更深的谷底。高峰带来的愉悦有多强烈，谷底带来的坠落就有多难熬。

更让人感到悲哀的是，由于大脑的自我保护机制，要维持相同程度的愉悦，则需要越来越多的刺激，但我们的身体与精神却无法承受。

在极端情况下，这就是瘾君子的结局：死亡会比快感更早一步到来。

我们当然不会沦落到这一境地，但不代表同样的问题不存在。

当愉悦本身也变成了痛苦的一部分，解脱之道在哪里？

◆ 如何在有限的人生里，寻找真正长久的快乐？

如何让自己活得越来越有能量？从中医的观点来看，凡是快感，都是要以消耗能量为代价的，并且由于能量有限，快感也是有限的。

要知道，身体的任何一种感受，总是服务于某个目的存在，这是进化的结果。我们的身体消耗能量，产生快感，同样是为了一个目的服务。这个目的就是创造或者修复——它们其实是一回事。

譬如运动的时候，我们的身体也会分泌多巴胺、内啡肽等，它们是让我们感觉良好的神经递质。这是一种人体主动的能量转化。会把身体的精气转化为气力，用于体内的新陈代谢，以去腐生新，令身心强健。这就完成了创造与修复的过程。

当你打坐上半个小时后，腿会麻木酸痛，身体会出汗，内心会有一种烦闷不安之感。但一旦结束打坐，反而会觉得非常轻松自在。这都是身体主动进行能量转化的结果。

对身体有害的快感则恰恰相反，因为我们的身体并没有主动参与能量转化，比如玩游戏，或者沉迷于社交网络、垃圾食品等。这些当代社会的产物被精心设计过，专门用来刺激我们大脑中可以产生快感的脑区，并且"创造性"地绕过了主动的能量转化过程。

这并非没有代价。我们为寻求快感而消耗了能量，但身体却什么都没有发生。我们没有把有限的能量，用在最重要的地方，并因此而精神萎靡不振，乃至痛苦、抑郁。

这是所谓的"快感"，也是让我们痛苦的第一个原因。

除此之外，我们的痛苦，还与"多巴胺"阈值被拉高有关系。

如果我们把"被表扬"这件事的多巴胺分泌定为50，那么，冥想则为100，锻炼大约为150，饮酒为153，男欢女爱为550；游戏与后者相似，而毒品所分泌的多巴胺高达1000。

关键的问题并不是瞬间分泌了多少多巴胺，而是当多巴胺的阈值被拉高之后，我们的大脑为了保护我们不会兴奋而死，会对其降低敏感性。换句话来说就是：开始的时候，一克毒品就能够带来1000的多巴胺分泌。然后大脑的自我保护机制开始产生作用，在一段时间后，两克毒品才能够带来同样的效果。吸毒者最终要么增加剂量，要么改变摄取方式，才能持续产生"快感"。

换言之，一旦我们被高多巴胺分泌的活动劫持了注意力，我们就会不断地重复这种活动。这就如同开始的时候，只吃一点垃圾食品就能让我们兴奋。但后来，我们必须一边吃垃圾食品，一边看综艺节目。开始的时候，一局游戏就能让我们高兴起来。但后来，为了得到最初的快感，我们须在游戏中奋战到天亮。

低多巴胺的事情恰恰相反，它们并不会触发保护机制。这就是为什么，即使我们每天都吃清淡的蔬菜，但当重复的行为成为习惯之后，我们总是能够在这件事上得到快乐。

并且，多巴胺并不只会让我们感到兴奋，同时它还让我们感到痛苦。一个是奖励的承诺，一个是惩罚的手段，这都是为了确保我们能够行动起来。也就是说，多巴胺的分泌强度，是和痛苦程度成正比的——阈值越高，痛苦越大。

◆ 那些能让你长久感到愉悦的"低多巴胺"

真正能够让我们得到长久喜悦的事，正是那些在生活里不被我们所注意的"低多巴胺"的事。

事实也正是如此，在生活里对一个人真正有益的事物，总是不那么有吸引力，比如阅读、锻炼、工作，以及陪伴家人、养育子女、冥想、清淡饮食，等等。反之，那些最终会对一个人的身心造成巨大伤痛的事物，则闪烁着美丽的光芒。它们向你承诺：来吧，得到我你立刻就会拥有快乐。比如游戏、毒品、酒精、尼古丁。

这是大自然的智慧。让一切在矛盾中维持微妙的平衡。越有价值的事物，需要跨越的障碍就越大；越没有价值的事物，越是在短期内能够得到快感。

因此，在我们东方古老的智慧里，向来有"清心寡欲"的训诫。从现代科学角度来解释，所谓清心寡欲，就是要选择低多巴胺的事，专心致志地去吃饭、睡觉、散步、看书、听轻音乐、回归大自然等。

有条件的话可以每天静坐，放松身心，给我们的大脑留白，最大化降低兴奋阈值，这样才能维持对于低多巴胺事情的动力和兴趣。而偶尔有一点高多巴胺的事情，就可以让你兴奋不已，感到非常快乐了。相反，如果放纵自己，则获得快乐的阈值就会被提高。那些原本可以使人快乐的事，会成为一种上瘾行为，最终反而让人更不快乐了。

最后，如何更清晰地分辨低多巴胺的活动呢？

你不需要一张长长的活动清单，只需要观察，当你在做一件事的时候，是否可以轻易地就停下来？如果需要花费很大的力气才能让自己停止做这件事,甚至不到筋疲力尽,就不愿意放下——想想躺在床上刷视频到深夜的自己——那么就可以肯定,这个时候,你的多巴胺在过量分泌。

它在将你身体的能量掏空,也在将你的快乐掏空。至少用两个星期来放下它们,这会让你的多巴胺阈值恢复正常。

然后可以试着出门走一走,看看自己在这件看似简单的小事上,收获了多少梦寐以求的快乐。

让情绪慢下来，也静下来

我总会不时地收到一些读者朋友的来信。他们说，自己很难控制住情绪，尤其是在气头上时，什么话都说得出口，有时候会无意间伤害到对自己来说重要的人。然而，事后对此感到很后悔。

首先，让我们来思考这样一个问题：一个人在有情绪的时候，需要发泄吗？

答案是肯定的，不发泄情绪只会带来更长期的糟糕后果。

人始终是受情绪影响的动物，而不是理智主导的动物。极度推崇理智的人常常会否认这一点。他们认为，理智是可以驾驭情绪的，人是可以完全不受自身情绪控制的。即使情绪是一个人的动力之源，理智也可以完全掌控方向盘。无论情绪的能量如何运转，理智都可以让自己行驶在正确的道路上。

但真实情况却不是这样的。情绪同样拥有掌控方向盘的力量。它总是会与理智协同工作，强化我们的能量——无论是正面的，还是负面的。

当理智告诉我们什么是好的和坏的，情绪便会通过喜悦或者痛苦来赋予其更为深刻的价值。如同当情绪告诉我们，我们到底想要什么的时候，理智也会通过一种合乎逻辑的解释，告诉我们这样做是正确的。

譬如，当我们想要一款最新的电子产品时，我们看到它的那一刻，其实就已经被情绪所俘虏。在开始的时候，我们可能会选择拒绝——毕竟我们希望自己能够节省一些。但很快，我们的"理智"就会告诉我们：新款的电子产品拥有最新的功能，它运作更流畅，设计更简洁，能够帮助自己胜任更多的工作任务或者应用场景。我们还会和其他同款类型的产品进行比较，最终发现自己是真的需要它，然后让自己认为，这不是情绪的作用，而是理智思考的结果。只不过，当最后我们下单、购买、拥有之后，往往会发现，它对我们生活的影响微乎其微，甚至约等于没有。

事实证明，我们并没有自己认知的那样理智。

◆ 情绪是不会凭空消失的

当一个人让你感到愤怒的时候，即使你没有当场回击，你的情绪也在影响你的理智。它让你通过性格逻辑，在将来的某个时刻向自己证明：打击对方是绝对必要的。

这些没有被发泄的情绪垃圾，影响着我们生活的方方面面。

譬如，最常见的"缺爱"带来的渴望爱的情绪，常常会让一个人极度渴望从他人身上索取注意力。

抑或当一个人的欲望总是得不到满足，这种挫败感就会让其对许多简单但具有破坏性的行为上瘾。常见的是暴饮暴食、沉溺游戏，抑或吸食其他精神毒品。

◆ **用强硬的方式压抑情绪会怎么样？**

在这里，我们需要明白能量之间的转换规律。情绪如同一个人的"势能"，而行动则是情绪所转化出的"动能"。如同一张长弓，把弓拉满，会积累势能；当你放手的时候，弦上的箭就会破空而出。这是势能转化成了动能。

当我们处于正面情绪的时候，我们的势能和动能始终都在正常转化。如果情绪没有转化为行动，就如同弓上没箭。而长弓的势能无处可去，就会转回弓身，导致弓身的断裂。

长期压抑情绪的人，会有很高的患病概率，这不无道理。

任何一种情绪，都需要我们将其转化为某种行动——将其发泄掉，否则就会在心中积压。只不过，不是每种行动都是智慧的。如果一场当面鼓对面锣的交锋，让自己占了上风，的确会让我们将情绪在当下就发泄掉。但暂时性的胜利将会带来某种不利的长期影响。因为输家所承担的负面情绪，会让其有一天卷土重来，对曾经的赢家造成伤害。

回忆一下我们自己的经历就能够证明这一点。对那些让我们感到"受挫"的人，我们会不断地寻找否定对方的机会。因此，我们需要一种正确的转化方式。只不过，这种转化方式并非与生俱来。它如同这个世界上所有"有益"的能力一样，需要后天的长期练习。

◆ **情绪势能转化的第一步：将其转化为思想的动能**

当你产生负面情绪的时候，不妨问自己三个问题：它是恐惧、焦虑、痛苦、忧愁，还是什么？它的强度有多大，细微、中等，还是濒临爆发？它的持续时间有多久？

第一个问题，能够调动我们负责理性的大脑区域，可以让我们获得基本的自控力,以此来推迟我们与负面情绪融合的时间。

第二个问题,则让我们开始学会观察、体验自己的情绪,它是"自我接纳"的开始。

第三个问题,同样拥有重要的意义——我们会开始明白,情绪与理智之间,并非存在不可跨越的鸿沟,我们只是需要一点时间去解决。并且随着我们练习这些问题,我们解决的时间会越来越短。

任何事物,一旦我们靠得过近,就很难看清楚问题的本质。因此也就无法观察与理解,从而陷入情绪的迷宫里。

自我意识则能够让我们后退一步。这至关重要的一步,为我们提供了足够的观察空间,让我们得以俯瞰全貌,明白此时此刻到底发生了什么。

◆ 情绪势能转化的第二步:进一步自我接纳

我们需要认可这种情绪,承认它的存在,接着告诉自己,所有的情绪反应都是正常的。这种自我接纳,可以让我们不再为负面情绪注入能量。也许你会好奇,为什么否定负面情绪会为其注入能量?

答案在于我们心灵的运作机制。你可以将自己的心灵想象成一个舞台,在这个舞台上,你分化成了两个自我:一个如同魔鬼,在你耳边轻轻地呢喃,不断地诱惑你做会让你此刻高兴,却会在将来后悔的事;一个如同天使,总是挥舞自己的法杖,为你指明朝着怎样的方向行走,才能最终抵达解脱之路。

当魔鬼祭出欲望的魔法,天使就会动用理性的能量。当一方使用的力量变强,另一方的反抗也会随之变强。魔鬼最开始的耳语,一旦遇到理性的抗争,就会变成洪亮的渴求,并最终成为怒吼。这种怒吼带着某种神奇的魔力,会让我们立刻选择与其融合,且再也无法注意到那个天使的存在。

并且，魔鬼总是比天使更容易获得胜利。如同坏习惯也总是比好习惯容易养成——这个世界的矛盾律在发挥作用：我们渴望的事物或者某种品质越有价值，想得到它，所要面对的障碍也就越大。

即使是修行多年的僧侣，也无法与怒吼的力量抗争。因此，智慧的选择，是让魔鬼的能量，在"耳语"的状态下停留。而你需要做的，只是接纳。

◆ 情绪势能转化的第三步：慢下来

让自己慢下来，从有意识地降低呼吸频率开始——即深呼吸。除此之外，你的任何动作，也需要有意识地放慢。行走、饮水、进食，抑或变换姿势。刻意放慢速度，可以让我们将意识投射到当下，而非想象中的过去或者未来。

负面情绪是对于过去和未来的投射，换言之就是我们失去了什么，抑或没有得到什么。

失去他人的尊重，我们会愤怒；没有得到胜利，我们会沮丧；失去自己的优势，我们会自卑；没有得到那件最喜欢的商品，我们会感觉百爪挠心。

而当我们能够把注意力全然放在当下的时候，我们的心中就不会再为过去与未来留下思考的空间。负面情绪会在我们专注于此刻的瞬间消解。

为什么慢下来可以让我们回到当下？原因在于，当我们快速地做某件事的时候，我们会本能地将注意力放在这件事的结果上。比如，我们吃饭吃得越快，就会吃得越多。因为我们吃的是渴望本身。这种渴望会分泌让我们感受良好的多巴胺，为了维持这种多巴胺的分泌，我们会不断地吃下更多食物。而渴望是关于未来的——至少是下一刻的，而非这一刻的。当我们快速地整理房间的时候，我们会更容易着急。因为我们把注意力放在了整理房间的结果上——它同样属于未来。

这些离开当下的注意力，是情绪滋生的土壤。而当我们慢下来的时候，我们会更容易注意到此时此刻发生了什么。

深呼吸的练习，抑或瑜伽和动作缓慢的太极拳，之所以能够让我们感到内心的平静，以及由于这种平静所带来的更长久的喜乐，本质都是由于"慢"的作用，让我们的注意力捕捉到更多当下的细节，从而不再受到过去与未来情绪的影响——即"离苦得乐"。

因此，每当负面情绪来临的时候，都让自己慢下来。当你控制着自己的力量，慢慢地将其恢复原状的时候，就不会被自身的势能所反噬。

在练习的过程中，会成功，也会失败。但要让自己明白，失败也是很好的练习，甚至能够真正教会我们一些关于情绪的事。要让自己接纳失败，那是你练习自我意识、自我接纳，用观察来回到当下的最好时机。

在达到所期望的目标之前，首先得完全接受自己现在的样子。让自己慢下来，静下来。在刻意放缓步伐后你会忽然觉察到，失败的感受只不过是一种能量的波动，它并不意味着什么。

和真实的内心相处

人要学会独处。独处并非让你远离人群,而是学会和自己真实的内心相处。

正如佛陀所说:内心不被贪爱与执着束缚的人,是独居者;而那些内心充满贪、嗔、痴者,则是群居者。

要知道什么是"真实的内心",首先要明白心和意是不同的。意是欲望。无论你想要什么,不想要什么,都在欲望的范畴之内。即贪与嗔,也就是渴望与排斥。而贪、嗔都会生痴,那是在你内心之中,对于贪、嗔的想象。这时的心,便不再是真实的心,而是被欲望劫持的心。心处于意的后面,它能够赋予意正确的力量,同时也能够为意赋予洞见,意只是告诉你"想要"。

然而人生是有限的,你无法什么都追寻。因此,心的意义,就是在所有的想要之中,让自己看见最想要的是什么。而看见的前提是清晰,这就是与自己相处的意义。

◆ 冲动前先忍耐

情绪总是先于理智发生作用,这是由人脑的结构决定的。

任何信息——无论是从视觉、听觉、触觉、嗅觉的感知，还是想象中的信息，都会成为感觉信号，然后通过单独的突触，传到杏仁核——即人的情绪中心；丘脑发出的第二个信号，则传到新皮层——这里负责思考、计划，以及自我控制。

信号的分岔，使得我们的情绪总是先于理智做出反应。而新皮层只有在通过多个层次的大脑回路，对信息进行充分分析之后，才能全面掌握情况，并最终做出更加精准的反应。

这意味着，如果你想要让自己的生活少一点麻烦，多一点智慧，除非是"下一秒就会死掉的状况"，否则在做任何决定之前，要让自己学会等待。

冷静足以激活大脑"三思而后行"的反应，让你不被情绪所裹挟。

在冲动之前，能够等待的时间越长越好。毕竟，我们都知道，在冲动之前的忍耐，只不过是自律的另一种表达。

◆ 善用自己的天赋

我们出生的家庭、成长的环境，是一种"给予"。有人家境优渥，成长的环境也充满了良师益友；有人家境贫寒，成长的环境总是充满了某种伤害。

给予本身是一种制约，就如同身高，这是一种天生天赋。但如何利用被给予的东西，也是一种制约。它制约着我们最终能够成为怎样的人。

身材高大的人，可以善用自己的天赋去打篮球，但这并不意味着身材矮小的人就失去了成功的可能，他依然可以选择自己擅长的领域——经商、学术、音乐，抑或其他任何一种他感兴趣、可以为他人带来价值的事。

人并不受过去"被给予"的原因所左右。无论我们找到怎样确凿无疑的证据,证明我们"被给予过什么",都没办法改变一个人。能够改变一个人的,只有"目标"。

我们的过去决定了现在,而我们对于未来的设想,则会决定我们的现在。

我们可以从以弗洛伊德为首的狭隘的"原因决定论"中走出来,开始明白:我们总是可以借助未来的力量,改变现在的选择,然后真真切切地改变我们的生活。

◆ 设置目标,坚定前行

设定目标最大的意义在于能够帮助我们确认价值。

设想一下这样的情景:你每天有 24 个小时——8 小时用于睡眠,8 小时用于休息,8 小时用来做事。

要做的事情其实并不复杂,比如简单的行走。你可以从所在小区走到附近的小区,也可以到街上看看又发生了什么新鲜事,还可以到公园里逛一逛。

你看似在主动选择自己的行动,但你却没有办法判断每件事的价值几何。除非你设定了这样一个目标:你想要从此刻所在地北京,抵达最终的目的地深圳。

这样一来,你会发现自己很容易就能够判断一件事的价值。

从这个小区走到附近的小区、看看街上的新鲜事、到公园里闲逛,都将变得失去了意义。因为它们无法帮助你达成最终的目标。

你会判断方向,脚步坚定,心无旁骛。很多曾经会吸引你注意力的东西,都会被你屏蔽掉。无论是空虚、无聊,还是自责,抑或对于"被给予过什么的抱怨",也都失去了存在的空间。你将一直前行着,走在把自己变得更好的路上。

做好自己，平复焦虑

这是一个焦虑无处不在的时代。工作焦虑，收入焦虑，容貌焦虑，身材焦虑……很少有人可以摆脱焦虑的魔咒。

我以前在公司里工作的时候，常常都要加班到深夜十一点。那会儿焦虑的是工作怎么才能完成？空闲下来的时候却又在想，再这么下去以后没活儿干、没饭吃了可怎么办？

当自由职业者的焦虑和在公司里工作没什么两样，甚至还变得愈发严重。我认识了一些创业开公司的朋友，没想到他们比我还焦虑。每天早晨起来第一件事，就是在想工资怎么才能发出来，企业怎样才能活下去。活得好好的那些人，又会焦虑万一有一天活不下去了该怎么办？

焦虑就像一个人的后台程序，无法结束，还会平白无故地消耗我们的认知资源。那么，怎样才能够让自己的焦虑得以平复呢？下面这几个方法，可以说彻底地治愈了我的焦虑，希望也能对你有所帮助。

◆ 关闭焦虑的播放按钮

解决焦虑的方法，在于能够在焦虑发生的时候，关闭掉"播放按钮"。而关闭的前提，是你能够意识到事情的发生。只不过这并没有看上去那样容易，因为这需要你这个人，总是保持在"高觉知"的状态。

什么又是高觉知状态呢？这与"真正的自我"有关。真正的自我是什么？这其实是个很有趣的问题。如果不加定义，那么生活里自己的任何一个时刻都可以是自我。吃饭的自我，睡觉的自我，思考的自我，放纵的自我……但是在高觉知的定义下，我们所说的自我，指的是内在恒常的本性。

"我"从出生到长大，生活发生了种种变化。个子变高了，生活环境改变了，经历更丰富了。但有一个"我"，是没有变的，那就是高觉知的我。

也许你会问，什么又是高觉知呢？举个例子：每个人都会吃饭，但吃饭的时候，人们并没有觉知到自己是在吃饭。人们会被味蕾刺激，会感到快乐、激动、兴奋、饱足……并沉浸在这些情绪之中。而所谓高觉知的状态，是当你坐在饭桌前时，意识到自己正坐在饭桌前。

简单来说，就是你能够意识到自己的所有状态，并理智地观察到，却不陷入状态里。我们把这种状态，称之为高觉知的状态。把处于这种状态的"自我"，称之为真正的自我。

无论出生、长大、还是死亡；无论你走上人生巅峰，还是遭遇挫折困境，你的一切都会改变，但觉知和观察的状态，不会改变。

因为当你能够看见某人、某物、某种情绪，你就不是某人、某物、某种情绪。你不是你看见的一切，也不是你觉知到的一切，你是觉知本身。这种状态，就是停止焦虑的按钮。

当焦虑来临的时候，只要你看见焦虑，那么你的焦虑会伴随着这种看见，而缓缓地停止。

◆ **练习高觉知状态**

高觉知的状态，和身体的任何一种有益状态一样，需要通过大量的练习才能够掌握。你可以将这种练习，当作人的身体对抗熵增的过程。不经过锻炼的肌肉，就会随着时间缓缓地退化，不经过锻炼的高觉知状态也是同样的。

锻炼肌肉的方法，是重复做阻力练习。而锻炼高觉知的方法，就藏在冥想之中。

冥想，就是通过有意识地将注意力转移到内在，和身体中原有的"高觉知"状态进行连接。除此之外，冥想之所以能够让一个人最大限度地不再焦虑，还在于焦虑的另外一个机制：信息处理。

我们每个人每天都在接受无数的信息。而如此巨大的信息处理数量，放在古老的年代，是根本无法想象的。也就是说，我们的进化机制，还没有进化到足以应对如此之多的信息冲击的地步。

也许你会说，解决的方法其实很简单，不去看这些信息就好了。这当然也是一种方法，但本质上，这是对于信息的逃避。虽然抵御了信息的害处，但也同时失去了信息的好处。谁都无法否认这一点——无论我们处理任何事务之时，拥有更多的信息总是要比更少的信息有利。只要我们掌握的有效信息足够多，那么我们就能把任何事务处理得更好。

可现在的问题，不是信息太少了，而是信息太多了。在这种情况下，应该怎么办？

在这里，不妨用吃饭做类比。

我们每天接触到的信息就是"食物"，搜集信息是把食物搬到了桌子上。而阅读信息、思考信息，则是对信息进行咀嚼的过程。食物只有经过充分的咀嚼，然后进入肠胃才能够更好消化，并转化为有用的能量，从而滋养我们的身体。信息也是同样的，只不过，它们在经过咀嚼之后，进入的是我们的潜意识——也就是说，只有进入潜意识的信息，才能够完成信息消化的过程，并转化为有用的知识，帮助我们在现实的世界解决问题。

这就是为什么每当我们遇见难题不知道如何解决，在搜集了很多信息之后仍然一筹莫展之际，可当你转移注意力去玩耍、散步，乃至去睡觉的时候，忽然间，就在某个特定的时刻，你不由得灵光一现，找到了解决的方法。

其中的原因，就是通过"转移注意力"这个动作，来完成了让信息从咀嚼到吞咽的过程——你只有忘记信息，才能够消化信息。这看起来是个悖论，但它就是不争的事实。

信息之所以让我们感到焦虑，就在于我们用来咀嚼的时间太多了，却没有进行有意识地消化。仅仅是无意识地转移注意力是不够的——你的大脑已经习惯了咀嚼信息的状态。除非你能够练习让你的大脑停下来。

而冥想，恰恰就是最佳的练习方式。

◆ 冥想

吉杜·克里希那穆提在《世界在你心中》一书中说："冥想不是逃避，冥想的深处具有一种独特的美，而且是人生中不凡的一件事，如果我们能体认它的话。"

所有的冥想方法，都有两个原则：第一个原则，是脊柱一定要挺直；第二个原则，是让意识专注于某个特定的对象或物体。

那么，这两个原则的目的是什么？要知道，方法本身是好的，但只有理解原则，你才能看到本质，并创造出最适合自己的方法。

首先，为什么脊柱一定要挺直？只有脊柱挺直了，才能够自由地使用横膈膜进行呼吸。如果没有进行过深呼吸的训练，其实人们在大部分时候的状态，是在使用胸腔进行呼吸。这种呼吸方式，我们不能说它是错的。但胸腔呼吸恰恰就是焦虑的根源之一——它会让身体无法放松。而无法放松的身体状态本身，就会向大脑传递焦虑、紧张的信号。

这个信号一旦产生，人的身体就会将大量的资源用来应对与生存相关的威胁。而不是将资源用在修复身体组织、深入理解已知信息，以及更为神秘的产生灵感上。

人的呼吸方式，会深刻改变人的行为模式。在紧张状态下，人的呼吸会暂停。在愤怒或者亢奋状态下，人的呼吸会急促。而当你开始深呼吸，呼吸到腹部隆起，胸腔打开——这意味着你完成了一次完整的呼吸，时间长到甚至会持续 30 秒——接着整个人就会进入放松状态。然后，更多的能量就不会空耗在生存威胁之中。

其次，意识之所以要专注于某一个特定的对象或物体，是因为这能够引导注意力转向内在。通过对内在的关注，我们在精神层面就能够达到一个高觉知的状态，然后避免产生压力的思维过程，比如担心、筹划、思考和评判。

最后，进行冥想的具体步骤有哪些？当然，以下只是参考。当冥想熟练之后，只要掌握了以上这些原理，你就可以找到属于自己的冥想方法。

冥想的第一步,就是找个舒适的位置坐下来。你可以选择坐在椅子上,也可以选择坐在地上。无论你的坐姿是什么,你需要关注的就是挺直你的脊柱,接着,进行呼吸的专注练习。

首先,让你的注意力集中,从默数数字开始。试着从 1 数到 100。如果觉察到自己在数数的时候走神了,就回到 1 重新数起。不要懊恼自己在走神,冥想最重要的是觉察。每一次觉察走神的过程,你都强化了自己的"觉察肌肉",激活了自己的高觉知状态。

直到你能够完成这个步骤,再来到下一步:调匀呼吸。

所谓调匀呼吸,就是让你的吸气与呼气等长。吸气的时候,默数 10 秒。呼气的时候,同样默数 10 秒。

这个过程很容易产生紧张的状态,进而导致屏住呼吸。因此,在这个步骤中要学会放松,不要去刻意地控制呼吸,而是等待呼吸。吸气的时候,要注意自己的腹部是否隆起——这意味着你正在练习使用横膈膜进行呼吸,然后提醒自己继续放松。

如果吸气不能达到 10 秒,那么 5 秒、8 秒都是可以的,重要的是将呼吸的节奏调匀。当进入到这个步骤之后,你会发现自己的心会开始平静下来。如同江河之中不断旋转的漩涡,忽然变得风平浪静。完成了呼吸的调匀,你的身体就进入了一种可以被称之为"平衡"的状态。你会感到内在的平静与舒适。

接着,你可以来到下一步:默念"呼吸"。

简单来说,就是吸气的时候,默念"吸";呼气的时候,默念"呼"。让你的注意力,去觉察空气经过鼻孔时的细微感受。

若是到了这一步,你可能会觉察自己可以忘掉呼吸,专注在当下的状态里。你会因此而进入到某种深层的、内在的、恒常的愉悦体验中。这就是"冥"的境地。你既非有意识,又非无意识。既非思考,又非无思考。

当然,可能很快你会发现自己的冥想发生了散乱。没关系,你可以重新回到数数字的练习,重新回到跑道加速。抑或从中间的某一步开始。你会发现可能只需要稍微地调整一下,就又能够进入到这种"冥"的境地。这是由于之前的惯性还在的缘故。

在最开始的时候,让自己每天练习 5 分钟。直到形成习惯,再逐渐让自己能够每天练习 30 分钟。这就足够了。

你会发现自己的注意力更容易集中,头脑里也更容易冒出绝妙的主意。并且,在深层冥想的过程里,你发现原来自己可以直接感受到"幸福",而不需要任何外物的加持。

◆ 少摄入咖啡因,好好吃饭,好好睡觉

所有的心理问题,都是由某种具体活动所引发的。

人的内心是这个物质世界的投射。先有物质,而后才有心灵。即使是思维这种绝对抽象的东西,也不是凭空出现的,而是身体内部各种神经元相互作用的结果。

因此,当你发现自己的内心出现了某种不适,不要在内心里寻找答案,而是应该去寻找心灵的源头——即外部世界的动作。只要找到合适的动作,心理问题就一定能够得到解决。

而在这个时代的所有动作里,对焦虑影响最大的就是咖啡因、食物与睡眠。过度的咖啡因摄入,会让你无法好好地休息,因为它会影响你身体中腺苷与腺苷受体的结合。只有当它们结合的时候,你才能知道自己什么时候疲劳,什么时候该休息。并且它们还有促

进睡眠的作用，能让你睡个充满恢复力的好觉。

而咖啡因则会与腺苷竞争受体。即使过去了 4 个小时的半衰期，你的身体里仍然会有一半的咖啡因残留，这直接导致了睡眠质量的下降——也就是说，即使睡着了，你的身体也没有进入到恢复状态，而是尚在随时待命。

并且在整个咖啡因作用的时间里，你的肾上腺素都会过度分泌。这些都是导致你慢性疲劳的元凶。

吃高热量的垃圾食品会让你兴奋，但同时也会产生过多的皮质醇——一种压力激素。更不用说长时间摄入垃圾食品对身体带来的负担了。而如果你每天睡眠不足 5 小时，你的大脑被破坏的程度和轻度醉酒无异。

这些简单但重要的事如果没有得到控制，都会很容易导致焦虑。因此，不妨从现在开始，让自己少摄入一点咖啡因，多吃健康的蔬菜，富含不饱和脂肪酸的坚果或鱼类，以及杂粮等优质碳水。同时每天至少保证 6 小时的睡眠时间。

◆ 和社交媒体保持距离

学会适当和社交媒体保持距离。对于一切劣质的、只为了博眼球的媒体，我们也应该尽量远离。

社交媒体做的是"注意力"的生意。它们的目标首先是"不断地吸引你的注意力"，而不是"为你提供你真正需要的信息"。当然，我们不排除一些优秀的媒体，会真正站在读者、观者的角度考虑问题。但至少从目前来说，它们只在这个鱼龙混杂的市场中占据很小的一部分。

既然吸引你的注意力是其最重要的目标，也就意味着它们很少会分享美好的东西。

由于大脑的生存本能，一定会对某种危机，或者新情况投去最多的注意力。人们会感到有趣、欲罢不能。但铺天盖地的负面消息，以及过剩的新信息，最终会让我们产生新的焦虑。甚至会因为对"新信息"的上瘾，在得不到它们的时候，我们就会不断地刷新，在各种 App 之间切换。这是非常明显的焦虑加深的证据。

因此，有必要和社交媒体保持一定的距离。每天至少给自己完整的半天时间，不去刷新社交媒体。这样你就会慢慢地发现，自己感知幸福和得到满足的能力，得以大大地强化了。

◆ 提出问题，找到方式

焦虑并不是一种强烈的情绪，这意味着你仍然拥有部分理智。你可以让自己长时间受到焦虑的支配，但也可以用你的理智去寻找焦虑背后隐藏的机会。这个过程其实很简单，你只需要问自己：最坏的结果是什么？这个结果的产生是因为什么？

在经济下行的时候，你一定会焦虑自己没有收入——这是最坏的结果。但每一个结果的产生，必然有一系列的原因。这些原因，就是条件。

如同火山爆发，必须满足有较高的地热、岩浆需要在地壳中富集，以及岩浆离开岩浆囊后的上升，受到压力梯度与浮力的双重驱动等条件；如同你从孩童长到成人，到学会某种技能，必须有充分的营养补充、重要人的监护，以及有人对自己进行指导，等等。

那么，为什么会出现"没有收入"的情况呢？答案很简单，就是你什么都不做。因为只要我们愿意做事，就一定不愁没饭吃。

在这个思维过程里，你会发现自己因为专注而忘记了焦虑，并且得到了一个真正的答案——做事。你可以将这个练习继续下去，问自己要做什么事才能赚到更多钱，每一个结果产生的条件是什么？这种从提出问题到找到答案的思考方式，能让你在任何时候，都能找到最适合当下现状的出路。

◆ 做能做得好的事

一个人在什么时刻最容易感到喜悦？就是沉浸在一件他能够做得好的事情里。

擅长社交的人，会很喜欢沉浸在社交里；擅长打游戏的人，会时常沉浸在游戏的世界中；擅长经营企业的人，如果让他们停下来，他们会感到无比痛苦。写作和阅读也是同样的，越是擅长，也就越是能够乐在其中。

对人生有益的某种擅长的能力，往往需要后天的大量练习，而这个练习的过程并不轻松。这也是坏习惯拥有更大吸引力的原因——它们并不需要我们付出太多时间去练习，就能做到。

就拿酗酒来说。实话实说，没有人在最开始的时候喜欢酒精。其实它的味道很难闻，大多数酗酒者，都是通过"练习"而掌握了喝酒的能力。其动机或者是为了证明自己的勇气，或者是为了让自己看起来像个大人。

他们战胜了最初的一点点困难，再加上酒精的确对人的神经有刺激作用，于是他们越喝越爱喝，越爱喝越喝。

这条路径大概是这样的：困难——战胜困难——成就感——为了寻求成就感再次尝试——刺激神经的化学物质开始让人上瘾——爱上喝酒——更擅长喝酒——喝得更多。

其他诸如吸烟、打游戏等行为，都同样如此。例如第一口吸进肺里的烟让人感到恶心、头痛（别问我是怎么知道的），游戏在最开始的时候需要先学习规则、操作。

总之开始的时候，一点点的小困难和战胜困难的成就感，就开启了我们的上瘾之路。幸好，这条路径对于一些好习惯也是同样的。你需要做的，只是将大目标拆解成小目标，然后不断地练习。你可以像沉浸在游戏的世界里那样，沉浸在读书的世界里，沉浸在创业或者工作的世界里。它们的路径很相似，你只是需要多付出一点努力。一开始，你将面对一个巨大的困难，比如一本几百页的书，这往往让你望而却步。于是，你开始拆解这个困难，变成每天读几页，或者只读 10 分钟。

这条路径就成了这样的模式：10 分钟的困境 —— 战胜困境 —— 成就感 —— 为了寻求更多成就感再次尝试 —— 战胜困境 —— 成就感 —— 为了寻求更多成就感再次尝试。

和坏习惯的唯一不同，就是好习惯并没有能够直接刺激神经的化学物质，比如酒精、咖啡因、尼古丁。也没有像游戏那样，会在玩的过程中有越来越强的成就感，比如更好的装备，每次升级之后更厉害的技能提升，等等。但只要随着练习次数的增加，你会在做这些事的时候感到格外喜悦，这和"上瘾"的情况是一样的。

但这么做的好处是，这不会产生额外的负罪感，你知道你正在做的是对你人生有好处的事。你不只得到了快乐，还收获了希望。

因此，学会去做一件你能够做得好的好事，这是战胜焦虑最有力的解药。

让自己快乐一点

情绪这个东西很奇妙，当我们心情好的时候去看这个世界，便总是带着"梦幻般的滤镜"。

晴天的天空会蓝得发亮；雨天的天空则能够将酷暑一扫而光；晚风吹在身上是清凉的；就连普通的食物，都会因为好心情而变得更好吃。

但当我们情绪低落的时候，世界似乎总是处于崩塌的边缘。即使我们遇到的是同样的蓝天、同样的雨露、同样的晚风，以及吃到的同样食物，我们也感受不到丝毫美好的存在。

那么，我们为什么会不开心呢？

◆ 不快乐并非没有缘由，而是我们忘记了缘由

首先，所有情绪产生的直接原因，都是没有得到。当我们在讲话时被打断，我们会感到不快，甚至愤怒，这是由于没有得到相应的尊重；当我们的工作无法顺利进展，我们会感到挫败，这是由于没有完成目标；当我们身处节日时，却没有收到亲友的礼物，我们会感到失落，这是由于没有得到全心全意的关注。

有的时候，我们的生活里有更重要的事要处理——比如为了生存，我们常常会忽略这些情绪。但如同下过雨之后，土地总会留下痕迹，这些被忽略的情绪也是同样的。

不开心并非没有缘由，只是我们忘记了缘由。

当然，我们没办法去满足自己的所有情绪。满足自己所有的情绪并不智慧，事实上还可能会适得其反，我们会因为失去了生活的重点而举步维艰——适当的忽略是有好处的，如同在专心读书的时候，我们必须忽略对出门去玩的情绪需要。

而生活里的一些小事，原本就拥有治愈的意义。无论你不开心的缘由是什么，都可以随时用这些小事来治愈自己。

◆ 第一件小事：睡觉

我们大部分时候的情绪低落，都来自身体或者精神的疲惫。固定的、充分的睡眠时间，比什么都重要。这不仅能够让你得到休息，还能够重新找回生活的确定性。

因此，每当感到情绪不适的时候，关注睡眠是最重要的。如果并非病理性失眠，那么想方设法让自己延长睡前清醒的时间——即白天睡醒之后，直到晚上睡前不再睡觉，就能够让你更快地入眠。除此之外，让自己增加日晒的时间也能够分泌褪黑素，从而加快入睡速度。当你能够在固定的时间轻松入睡的时候，在固定时间醒来就会变得更容易。

◆ 第二件小事：和爱人、朋友聊天

每个人都有归属需要。数据统计已经让人们认知到这样一个事实，就是亲密关系的支持不仅能够让我们增加幸福感，同时还能够

延长我们的寿命。这意味着维持亲密关系的过程拥有治愈的能力。

因此,当你感到不开心的时候,记得去寻找亲密关系的支持,包括你的爱人和朋友。这对彼此都是有意义的。

◆ 第三件小事:买喜欢的东西

在买喜欢的东西之前,记得先让自己做一件感到困难却早就应该去做的事。比如完成某件拖延了很久的工作。接着你要做的,就是立刻把那件东西买下来奖励自己。这样你就能够将"该做的事"和"奖励"建立联系,然后慢慢地让自己喜欢做该做的事。

买喜欢的东西不是目的,目的是做你该做的事。因为没有完成任务的自责,往往是不开心的核心源头之一。当然,除此之外,你的确也得到了自己喜欢的东西。

这样的方法可以一举两得。

◆ 第四件小事:写日记

日记同样也是你的伙伴,甚至是最了解你的伙伴。当没有人倾听的时候,学着记录下你生活里所发生的一切。

其中有个技巧,就是不记录自己的感受,只记录发生了什么。也就是你看到了什么、听到了什么,在哪里做了什么事。明确地记录下所有的画面与动作。

我们的感受在大多数时候都并不准确,但这种记录可以让你距离"实相"更近一些。并且,自发的书写会让人更有掌控感,慢慢地进入到心流状态。

◆ **第五件小事：大哭一场**

情绪是需要发泄的。

也许那时的你什么都不需要，只是需要一次落泪，就会把那些盘踞在心中的负面情绪全部清空。

◆ **第六件小事：给自己做一顿好吃的**

我们在饥饿的时候，走进厨房给自己做一顿好吃的，你会在这个过程中分泌大量的多巴胺与内啡肽。原因在于，饥饿会带来对食物的渴望，而这种渴望伴随的多巴胺效应，会让你更容易产生兴奋与希望。而沉浸在当下的行动里，则能够让你分泌产生幸福感与平静感的内啡肽。这就如同适当比例的糖与脂肪的结合，会让食物变得更可口。

当多巴胺与内啡肽结合在一起时，既能让你感到希望，也能让你感到幸福。更不用说，还有吃下自己做的食物之后的真正满足感了。

◆ **第七件小事：阅读故事或看电影**

理论性的书籍在情绪低落的时候并不适合阅读，但故事和电影却不同，能让我们练习同理心、理解他人情绪和感受的能力。当我们能够理解他人时，我们就能够理解自己。当我们能够接纳他人的情绪时，我们就能够接纳自己的情绪。

与自己和解，是治愈自己的第一步，也是最重要的一步。

◆ **第八件小事：发展有创造性的兴趣爱好**

创造性，就是创造东西。可以是创造茶杯那样的物品，也可以是创造信息，比如写一篇文章、拍一张照片、画一幅画。

在最开始的时候，你的创造大多基于现实世界，包括对他人的模仿。但随着能力的提升，你就可以创造这个世界上还不存在的东西——这就是创新了。

不要觉得创新只是制造火箭飞向月球那样伟大的事，买一个新茶杯或画上你独一无二的画，也是一种创新。

创造性会为你带来直接的快感，并且会让你体验到自己内在的"神性"。

我的明天会更好

我们都知道抑郁症是一种心理疾病。疾病的意思,是当一个人进入到某种无法通过自我修复的负面状态时,必须通过治疗的帮助才能解决。而在抑郁成为一种症状之前,还存在着一个漫长的"量变积累"时期。在这个时期内,人总是能够通过自助的方式,来扭转这种负面状态。

◆ 找到适合自己的方法

我们日常可以看到很多对于如何扭转抑郁状态的方法,目前最为流行的是"亲近大自然"。在这之前,人们得到广泛的建议还包括认真工作、培养一种兴趣爱好、寻找亲密关系的支持等等。建议是好事,问题在于很多时候我们得到的建议过多,会令人无所适从。抑或一些建议过于绝对化,让没有适应条件的人难以施行。

亲近大自然就是一个例子。我们当然知道亲近大自然是有好处的,但并不是每个人都有这样的时间条件或经济条件。如果一个处于抑郁状态的人,没有足够的积蓄来维持自己的生活,同时又得到了这样的建议:"你必须亲近大自然,才能摆脱抑郁。"因此你放下自己的工作，陷入更为穷困的境地，那么这种建议就是荒谬的。

绝对化的建议并不可取。更好的方法，是探究问题的本质——或者说，找到种种建议背后所遵循的共同特质。只要找到这种"特质"，人们就可以按图索骥，在自己的生活里，找到具有相同特质的活动。并根据自己的现实条件，选择一个可以长期实行的、改变抑郁倾向的方法。

◆ 做一些分泌多巴胺的事

那么，这种特质是什么？答案是让你的多巴胺开始分泌。

多巴胺是一个人的动力之源，在它开始分泌的时候，人们就会体验到诸如兴奋、渴望等正面情绪。但当它分泌不足的时候，人们就会体验到乏味、失望等负面情绪，甚至就会进入抑郁的心理状态。当然，它的另外一个极端就是分泌过量，人便会产生焦虑、痛苦的情绪。比如，现在网络上流行的容貌焦虑、财富焦虑等，同样都是多巴胺分泌过量导致的。

分泌不足和分泌过量都不好。但一个人为什么会多巴胺分泌不足呢？原因在于"活动水平"不足。或者严格意义上来说，是"为了某个目标，主动做的活动"。

比如，为了变美，而让自己参加体育锻炼；为了赚钱，而让自己努力工作；为了吃好吃的，而让自己在厨房里准备食物。这些活动，总是需要消耗一个人的体能和脑力。可如果某个事物是"人们想要的"，却不需要花费体能和脑力就能够得到的，那么就会逐渐地让人处于低活动水平状态。并由此导致多巴胺渐渐地分泌不足，然后导致抑郁。

躺在沙发上看电视、刷抖音，就是最常见的容易导致抑郁的活动。短时间的消遣是没有问题的，但如果每天都在这些事情上花费三四个小时，又没有其他高活动水平的事物进行对冲，抑郁倾向就会越来越严重。而问题的解决之道也并不烦琐——就是让自己活动起来。让你的身体和头脑都为了某个目标，做一些困难的事。

它们包括但不限于参加具体的工作，准备食物、散步，进行某种阻力训练，学习某种艺术或创造性的活动，玩猜谜游戏，进行阅读，等等。重要的不是这些活动的名字，而是设定目标，为了目标能够带来的影响而致力这件事本身。你当然可以去亲近大自然，但如果由于种种条件限制，那么走进厨房，给自己做一顿好吃的，也是不错的选项。

当你能够有意识地让自己处于这种"主动提升活动水平"的状态时，抑郁的倾向就会开始停止。你的大脑会分泌足够的多巴胺，你会开始拥有为了某个目标努力的意愿，从而充满干劲，然后付诸行动。你会觉得明天会更好，然后启动一个正向循环，一个充满希望的循环。

自我矛盾是痛苦的根源

在怎样的情况下，一个人会感到痛苦？

我们可以罗列出无数种时刻。无论是身体，还是感情受到伤害，抑或现状与预期不符，都能够让人感到痛苦。

通常，我们将人生归纳为八苦，即：生、老、病、死、爱别离、怨憎会、求不得、五阴炽盛。

但事实上，这些苦都没有触及"苦"的本质。任何人感受到痛苦，其实只有一个原因：失去了一致性。

◆ 痛苦源于自我矛盾

所谓一致性，就是思想、言语、情绪、行动的统一。当这四者无法统一的时候，我们就会感到自我的撕裂，接着则是漫长的痛苦。

譬如说谎。我们无法否认这是每个人都有过的体验，只不过区别在于谎言程度的大小罢了。包括在学校里糟糕的分数、过往曾伤害过他人的经历，抑或窘迫的家境。

只要我们开口欺骗他人，就必然会感到紧张、痛苦、焦虑等负面情绪。除非经受训练，将谎言信以为真——比如家境窘迫的人，因为害怕被人瞧不起，而声称自己拥有显赫的家世。频繁地说谎，会让他处于连续的压力之中，出于自我保护的需要，他逐渐开始相信，自己真的拥有显赫的家世。

譬如言行不一。这区别于"说谎"这种有意识的行为，言行不一常常是无法察觉的。比如一个人既需要金钱来维持生活，又总是标榜自己不爱钱、很高尚的时候，他也必然会感到痛苦。如果他去赚钱，他的心里就会感到很拧巴。如果他不去赚钱，他的生活就会变得很拮据。

另外，想要活成别人心中的自己，同样也是一种不一致的表现。将"他人应该"完全等同于"自我应该"，对任何一个人来说都是一场灾难。

如此，人会失去所有自我评价的基准，一切生命的意义都会成为无法自主的。他的所有行动，都是为了得到外在的赞美——做怎样的事业，得到怎样的学位、职位，乃至说什么样的话，维持怎样的举止，等等。

如果赞美的声音总是存在，人尚且无法察觉到这种痛苦。而一旦赞美的声音消失，支撑起人生的部分也将不复存在。接着，他的生活就会失去所有的方向感和意义感。

◆ **为什么失去一致性的时候，我们会感到痛苦？**

原因是大脑对于稳定性的需要。大脑是身体耗能极高的器官，它时时刻刻都处于运动状态：处理各种信息，总结过去，规划未来——即使在大多数时候，我们也无法察觉到这一点。但只要停下手头的工作，安静哪怕五分钟，就必然会觉察到大脑的意识是如何片刻不息的。

而任何非稳定的环境，都是麻烦的、耗能的，能省则省。当一致性消失的时候，我们就从稳态，来到了非稳态。出于生存的需要，大脑就会让我们感到痛苦，并以此为动力，来平衡我们的生活，让我们重新回到稳定的状态。

那么，在思想、言语、情绪、行动这四个元素之中，哪一个对一致性有决定性的影响？答案是言语。

我们的思想本身也遵循着辩证的法则，时刻进行着内在的二元对立：想要与不想要。

想要食物，但不想要肥胖；想要成功，但不想要努力；想要幸福，但不想要枯燥。

我们的情绪也是同样的，它是多变且不可捉摸的。这一刻喜悦，下一刻或许就会沮丧。今天对未来充满希望，明天或许就会感到末日临近。

事实上，这就是辩证法所揭示的规律：第一，矛盾存在于一切事物的发展过程中；第二，每一事物的发展过程，存在着自始至终的矛盾运动。

正如恩格斯所说："生物在每一个瞬间是它自身，却又是别的什么。所以，生命也是存在于物体和过程本身中不断自行产生，并自行解决的矛盾；这一矛盾一停止，生命亦即停止，于是死就来到了。"

◆ 达到一致性，是解脱痛苦的良方

辩证法不仅存在"矛盾"的部分，也存在"统一"的部分。

思想的矛盾，需要言语来统一。在我们的内部世界之中，会有"想要食物，但不想要肥胖"的对立。它们一正一反，不断地斗争着。而一旦我们使用言语来进行最后的统一：我想要适度的食物。那么这

一对立，就得到了完满的解决。同时，此时也自动地形成了一个行动的目标。

情绪的矛盾，通过行动才能达成一致性。这一刻，我们感到充满希望；下一刻，我们感到莫名沮丧。情绪总是时刻变化着，它们一正一反，在内心里不断地进行斗争。倘若我们的情绪和行动都达成统一，思想和情绪也必然能够一致，因此我们才能做出正确的决定，内心的矛盾也自然而然被化解掉。

在行动和言语之中，行动是高耗能的、复杂的、缓慢的，而言语是低耗能的、简便的、快捷的。通过言语的表达，将内心所感所想、突破枷锁地全盘说出，并接受所带来的积极和消极结果，完成言行上的一致性，才能最大程度地减少痛苦，获得某种程度的解脱。

一致性是解脱痛苦的良方，但一致性所带来的启发远不止于此。如果在你的意愿之中，存在着想要活得更好的愿望，那么同样可以通过这种一致性，来达成所愿。

一致性，让人感到自洽、完满，这是舒适的来源；不一致，则让人感到痛苦、焦虑，这是动力的来源。

如果我们使用语言，来确定一个暂时没有达成的目标，那么这种"不一致"的痛苦和焦虑，就会为我们提供源源不断的动力。

比如：总是对自我进行积极的评价，并表达那些你所向往的状态。不断地告诉这个世界，你是一个开朗、积极、阳光、幸福的人。

当你不断地进行这种表达，而你的思想、情绪、行动，都无法与之相匹配的时候，你就会通过调整自己的状态，来顺应、来附和你的表达。

一些人不敢进行这种表达，要么觉得自己还不是那样的人，要么在成长的过程中，由于各种打压，没有建立起足够的自信和"配得感"。可是,你要明白,我们不是被过去所塑造的,也不是被现在所塑造的,我们是被不断发生的行动所塑造的。你到底是一个怎样的人,取决于你采取了怎样的行动。而你采取了怎样的行动,则在很大程度上,取决于你使用了怎样的语言。

  因此,即使是在最糟糕的时候,也要勇敢地去表达:你是一个开朗、积极、阳光、幸福的人。这是你对自己的承诺,也是最重要的承诺。接着,你就会言出必行,拥有符合自己描述的状态。

第三章

Chapter Three

做治愈自己的英雄

拥有拒绝的勇气

有读者对我说:"自己总是因为害怕关系破裂,而做一些原本不愿意去做的事。"她接下来倾诉说,以前借钱给朋友,该还的时候不知道怎么去催要,后来就和这个朋友失去联系了。但其实仔细想想,这个朋友也没有那么重要,就是在出去玩的时候认识的,当下玩得很好而已。

到现在出来工作后,在公司里常常被拜托做自己职责之外的事,导致最后连自己的本职工作都没有完成。如今的她,觉得自己充满了负能量。

她说:"前不久去医院里看病,卡里都没有钱了,我就想,要是当时没借给那个朋友钱就好了。工作没完成,还被老板骂。我恨那个不还钱的朋友,恨占用我时间的同事,也恨自己。我觉得自己真的糟透了。请问,我该怎么办呢?"

◆ **不要害怕任何关系的破裂**

回答这个问题之前,我想先讲讲我的故事——

小时候,我也是一个很害怕关系破裂的人,那时的我还遭受过校园霸凌。

　　那是个冬天，我骑着自行车上学，围着新买的漂亮围巾，一路上心情很好。就连上课的时候，我也把那条围巾戴在脖子上。教室里有暖气片，但还没有开始供暖，可新围巾却让我感到很暖和。然而课间休息时，那条围巾就被几个关系不错的同学抢走了。我试着去拿回来，但他们不给。最终，我整个人被绑在了教室最后的暖气片上。直到上课时间，老师走进教室看到后，那几个绑我的同学才把我松开了。

　　当时的我没有反抗，甚至还觉得很有趣。但只有我自己知道，我只是不想因为这些事而失去那样的朋友关系——因为这种霸凌，已经不是第一次了。

　　我很习惯，也很难过，但似乎更希望他们能够因为我而变得愉快。

　　这就如同《蛤蟆先生去看心理医生》里那个扮演着小丑，只为了逗人开心的蛤蟆。

　　毕业之后我们也仍然保持着联系，还会一起去玩。在某段时间里，我甚至产生错觉，认为我们是最好的朋友。

　　后来我们是怎样彻底地失去联系的呢？

　　其实那时候，并没有做出关于这段"关系"的决定，我只是想要改变自己身上的那些坏习惯。我用读书、锻炼、学习新的技能来和这些坏习惯抗争，而这些都需要占据生活里的很多时间。我在做这些事的过程中，找到了乐趣，也收获了新朋友。

　　在某一天，我忽然发觉，过去那些充满了伤害的关系，已经离自己很远很远了。直到那个时候我才明白，"不想要切断恶劣的关系"

就是无法切断自己过去的坏习惯。

习惯涵盖的范围很广泛，只要是我们下意识的行动，都属于习惯的一部分。包括"被攻击的时候，第一时间想到的不是反击，而是讨好他人"。

我们都很害怕被讨厌。而形成这种人格特质的原因很复杂，但并不代表我们没办法解决——因为问题的成因和解决方案，往往并不相同。

只要不断地让自己养成好习惯，就能够摆脱这种人格特质的困扰。因为同类会吸引同类，当你的生活里，全部都是好习惯的时候，那些以伤害他人为乐趣的人自然就会远离你。因为你们不再属于同一个世界，而那些好习惯也会重新塑造你，赋予你足够的能力和自信——也包括拒绝的勇气。

当然，这个过程不必有恨，恨同样也是一种关系。当我们想要靠近一个人，却被对方拒绝的时候，"恨"就会升起。那只是为了让我们确保自己和对方并不是毫无关系的强烈渴望。

没有关系，即没有恨，没有爱，没有向往，也没有厌恶。

你可以祝福——或许这是唯一该做的事，它可以平衡你心中的恨。当平衡的过程达到一个临界点的时候，我们便能够放下，也不会再有任何情绪。

一切都成了过眼云烟，你的眼界也随之开阔起来。

切断一段人际关系，往往会让你变得更好，而不是变得更糟。问题的关键并不在于"能够留住多少"，而是如何让自己的生活变得更加丰富多彩。丰富多彩并不意味着要交很多朋友，而是会拥有精彩的内心世界。

◆ 别害怕受伤，别伤害他人

最后，我推荐每个人都读一读那本《被讨厌的勇气》。这本书用一种通俗易懂的方式，还原了阿德勒的核心理念。其中最重要的，就是课题分离与目的论。

所谓课题分离，意思是说，每个人都有自己的课题，这些课题他人是无法代劳的。

人活在这个世界上，每天都会被他人伤害，每天也都会伤害他人。对于我们伤害的，我们需要说声对不起；对于伤害我们的，我们要说声没关系。

道歉和原谅，都是我们自己的课题。他人也有他人的课题，每个人都需要自己解决，无法让他人代劳。靠自己的力量解决这些问题的过程，能够让我们明白，活在害怕关系破裂的恐惧之中，那是为他人而活的一种不自由的生活方式。

人的行为和情绪，都是为了达到某种目的。

换言之，我们的行为并不是由过去的经历所决定的，而是由对未来的期望和目标所决定的。我们的行为、情绪和生活方式，都是为了达到这些目的。因此，重要的并不是经历了什么，而是你在最开始的时候，设定了怎样的目的。那决定了你的一切反应。要让自己明白，你不是为了满足他人的期待而活，如同他人也不是为了满足你的期待而活。

被讨厌的勇气，可以让我们不再被假象蒙蔽双眼，失去追求更好的自我的勇气。

人与人之间，大多都只是在一段时间内的相聚。朋友会和我们久别，陌生人也会与我们永别。

不要害怕任何关系的破裂。

成为陌生人的瞬间，就是关系的最优解，也是彼此人生的新世界。

摆脱尴尬，增加信心

在人群面前表现一些对自己来说有挑战的事——譬如演讲、创业，抑或试着让自己的脸皮像城墙一样厚地去谈生意，总是害怕尴尬和丢脸，其实这是大多数人都有的短板，它和懒惰一样普遍。只不过，就像心理学中的巴纳姆效应一样，当人们在面对笼统和不明确的描述时，往往倾向于相信那是自己独特的特性。尽管这种描述可能适用于大多数人。

其中的动机在于，人们既有一种社会归属的需要，同时辩证地存在独特需要。前者会让人感到安全，后者则确保让他（她）能被看见和重视。

将某种正面的心理特征认知为自身的独特个性没什么坏处。比如，认为自己拥有独一无二的自信、阳光、积极向上的特征。

当一个人有这种认知时，他就会倾向于使用一系列的行动来证明这种认知。

这源自人们普遍的心理机制：当个体想要相信某件事时，就会寻找支持自己的证据。

如果没有证据，就会创造这种证据。只不过，当一个人将某种负面的心理特征，认知为自己的独特个性时，同样的心理机制会令其走入负面的行动反应。负面的行动反应加深了负面的心理特征，于是开启了恶性循环。

◆ 人为什么会害怕尴尬和丢脸？

人们之所以会害怕尴尬和丢脸，并不是由于某种先天性格导致的，其本质原因是任何人都无法脱离群体生活。

我们需要与人合作，才可以产生对抗自然的力量，获得食物、住所和保护，并同时拥有繁衍的可能性——和异性交配，繁衍后代同样也是一种合作。合作需要信任，这种信任，要么来自朝夕相处下的能力证明，要么来自他人的评价。

不是每个人都能和我们朝夕相处，因此，想要获得更多合作的可能性和资源倾斜，不被群体抛弃，乃至失去异性的青睐和繁衍机会，评价就显得至关重要。

好的评价是正分，坏的评价是负分，没有评价则是中性的零分。

但零分总比负分要好得多。当你与人合作的时候，如果从负分开始，你会发现要建立基本的信任比从零分开始要困难数倍。

第一印象至关重要。如果你给别人的第一印象很糟糕，人们看到你的时候，就会启动负面情绪反应。在这种情况下，人们会从所有的可能性里选择最糟糕的一种——比如认为你是个骗子，或认为你没有能力，与你合作一定会失败。

更微妙的是，即使你在人群面前展现的是对自己来说非常擅长的事，却仍然难以避免害怕尴尬和丢脸的情绪，因为照样会有人批评你。这种批评源自嫉妒，如果你太优秀，那么所有资源都会倾向你，从而让他人失去了更好的生存和繁衍的机会。

因此，为了让这种机会最大化，他们必须对你进行任何可能的攻击、诋毁。这并不是因为你做得不好，而是因为这样做对他们更好——"木秀于林，风必摧之"，无非就是这个道理。

◆ 如何打破恶性循环？

看清楚害怕丢脸和尴尬并不是自身的独特个性，而是普遍存在的情绪定式，这一点至关重要。如此一来，我们就避免了刚才所提到的恶性循环。

情绪定式可以被改变，这种改变可以是立即发生的，也可以是经过计划缓慢地进行的。

只不过，立即发生的改变像中彩票，概率小到几乎可以忽略不计。因此，我们更需要经过缓慢进行的计划产生情绪定式的改变。

你需要把在做事之前的尴尬和丢脸，转换成信心、趣味和兴奋。

信心是最基本的，它带来了趣味，而趣味又会带来兴奋。

这种改变很像是练习跑步或者进行肌肉锻炼。在开始的时候，设定一些简单的、力所能及的目标，譬如 500 米的跑步或者扶墙做俯卧撑。因为容易完成，所以能够培养信心。

以此为起点，首先做到养成跑步或者其他锻炼的习惯——不急于追求进步，而是关注这些行为的持续性。随着你能够越来越轻松地完成，趣味就会增加。最后逐渐给自己增加难度。而难度挑战在自信的背景下就意味着兴奋。一旦发现坚持下去有难度，便产生了拖延与抵触的心理，那就重新降低难度。

无论让你感到尴尬和丢脸的事情是什么，都可以使用这种缓慢进行的计划，来改变自己的情绪定式。让自己从信心开始，逐步过渡到趣味和兴奋。譬如，在人群面前演讲是十分重要的能力，如果你做得好，就会立刻收获无数的正面评价，继而提高自己得到资源的可能性。

你可以通过和陌生人打招呼，来增强自己在广阔环境和陌生人面前说话的信心；也可以在镜子面前演讲，来增强演讲本身带来的信心。如果觉得和陌生人说话很困难，那就降低难度，每天至少对一个陌生人露出笑容。如果仍然觉得这很困难，那么每周至少对一位陌生人露出笑容。

随着时间的推移，习惯就会带来趣味。这个时候，只需要逐渐地增加难度，就会让自己拥有兴奋这一特质。接着，在人群面前进行演讲，就会从对尴尬和丢脸的恐惧——负面情绪定式，变成对该行为的信心、趣味和兴奋——即正面情绪定式。

有人将情绪定式也称为"性格"，即对于某种刺激因素的惯性反应。

著名牧师和演说家比彻也曾说过这样一句话："一个动作形成了一个习惯，而研习一个习惯，就收获一种性格。"

而改变这一切，总是从拆解动作，然后重复最简单的动作开始。

重复一个动作，能形成一个习惯；研习一个习惯，能收获一种性格。而性格最终会改变你的命运。

在挑战面前，容易害怕尴尬和丢脸是一种性格表现，这种性格让你停留在舒适地带，在一生的时间里都收获一个安全的零分。但在挑战面前，信心、趣味和兴奋则是另外一种性格。这种性格在开始的时候，会让你饱受讥讽，但随着练习，那些讥讽和嘲笑的声音都会随之消失。因为你不会像你的祖先那样，固定地生活在一个地方，受限于一个领域。你之后的人生里遇到的每一个人，都会发现你的独特之处。而在这个过程中，正负分数不会抵消变成零蛋，因为当你离开了曾经的领域,负分就像从未存在过。

  不过,即使存在,又有什么关系呢?你需要的是那些对你持有正面评价的人,然后和他们展开合作,不是吗?

做人不要『太礼貌』

做人需要礼貌吗？答案是肯定的，也是否定的。

在生活里，礼貌是教养，是某种可以被识别的人品表征，是社交活动必不可少的"通用货币"。除此之外，站在自我保护的角度，礼貌还能让我们减少很多不必要的麻烦。

可在工作领域却不尽然，甚至恰恰相反——礼貌本身可能就是麻烦的来源。因为礼貌意味着某种妥协、退让，以及过分重视他人的感受。可在职场，这些恰恰是次要的，真正重要的是关键结果和效率。

这意味着我们不可能关照到每个人的情感需求。这句话也许听起来很冷漠，但想想看，如果你效率低下，总是无法达成结果，那么商业社会的法则将会对你更无情。你只会得到一张"好人卡"，然后被淘汰出局。

如果一个公司的领导者总是太礼貌、太顾及他人的感受，那么当其面对无法胜任当前岗位的员工时，会无法下定决心辞退；如果一个普通员工总是太礼貌，不懂得如何拒绝他人，那么当其面对不属于自己职责范围内的帮助需求时，会被浪费大量的时间和精力，导致自己的工作没有办法完成，或者延时完成，继而拖整个项目的后腿；如果你作为一个合作伙伴总是太礼貌，甚至连供应商的价格都无法谈到对自己公司有利的地步，那么则会让公司遭受不必要的损失。

归根结底，不能高效地解决问题，无法达成关键结果的礼貌，对于工作没有任何意义。

◆ 太礼貌会成为陷入内耗陷阱的枷锁

在这个世界上，由于人的资源有限、时间有限、精力有限，所以一个人的渴望，必然会成为另一个人的障碍，而障碍本身又必然会催生渴望。

譬如，你渴望占有更多的财富，这意味着某个人占有的财富必然更少，障碍就由此产生了。也许他本身并不是一个渴望财富的人，但障碍令其不得不渴望财富，否则他将无法体面地生存。而这又会构成你的障碍。

抑或你渴望得到第一名，这意味着另外一个人必然得到第二名，或者更靠后。渴望与障碍又发生了。

有时候这种渴望与障碍并不会直接出现，而是会以间接的方式。譬如你渴望得到尊重，对方却渴望高效地完成工作。当二者可以两全时，那就没问题了。但若时间争分夺秒，那么矛盾就会出现。

每个人都没有得到自己的渴望，因此每个人也都遇见了自己的障碍。正因如此，摩擦、矛盾、冲突，或者笼统而言，种种不愉快是一种必然。我们无法对他人做到完全的礼貌，或者他人无法对我们表达充分的尊重，也是一种必然。

执着于这种反思，只会造成自己内心的痛苦，并最终成为枷锁，反复内耗。

打开枷锁的方法其实并不难，就是认知到这种必然。可以礼貌待人的时候，礼貌待人。有疏忽的时候，能见到面，就真诚地道歉；见不到面，在心里说句对不起。然后放下，重新启航，重新去经历摩擦、矛盾、冲突，以及种种不愉快。

在这个过程中，你要确保的就是记住自己的目标不变。不要执着于过去发生了什么，那没有任何意义。

◆ 太礼貌为何得不到尊重？

如果你总是太礼貌，不懂得拒绝他人，那么大概率会得不到尊重，只会收获抱怨。

人们会接受浪子回头，却很难接受突然被一个"老好人"拒绝。因为人们总是不想打破现状，除非这之后带来的是奖励。

坏人忽然做了好事是奖励，好人忽然表达拒绝，对人们来说就是巨大的损失。这并不理智，却合乎人性。因为人性总是很难理智。

总之，保持基本的礼貌，但不要把礼貌当成负担。任何时候，最重要的始终是你要达成的目标，要得到的结果。

礼貌是一种路径，这个路径有时候可以帮助我们抵达目的地，但有时候却可能将我们引入岔路。警惕它，你就更可能做出明智的选择。

严以待己，宽以待人

有读者来信说，学校里有一个和自己关系很要好的朋友，两人的成绩本来都是在中位线的水平，可是最近好朋友的成绩却突飞猛进，每次模拟考试都能拿到前三名。他觉得自己心里很别扭，甚至会嫉妒。可越是这样，便越会讨厌自己。这算不算是小心眼，见不得别人好呢？

还真不是小心眼，这只不过是走入了一个在人际关系之中的普遍误区。

◆ "横向关系"与"纵向关系"

我记得在《被讨厌的勇气》里，作者提到人生中两种非常重要的关系模型："横向关系"与"纵向关系"。

所谓横向关系，指的是每个人都处于同一个平面上。如果他人拥有你想要得到的东西或是渴望具备的品质，并不意味着其处于某个更高的阶梯，而是意味着你们在同一个水平面的不同位置。

纵向关系则与之相反，它为我们区分出了明显的高低阶层，在形状上十分像一个金字塔结构。

◆ **阶层的认知**

"阶层"是当今社会几乎每个人都在追求,却又避免提及的东西。大家暗暗地下定决心,希望能够跨越阶层。同时,也会使用种种手段来实现这一点。比如买更漂亮的汽车,更昂贵的衣服,去更高级的餐厅。

人们热衷于那些具有明显的昂贵品牌标志的商品,只为了向他人证明自己的阶层可以消费得起。另一些人则避免露出品牌,隐晦地彰显自己比那些肤浅者更高级,抑或通过表达对这两种人的不屑,来在"金字塔"这个模型中卡身位。

我们从小就在这种社会环境之中耳濡目染,自然就对纵向关系习以为常。他人得到了好成绩,我们会认为自己失去了光彩;他人变得富有,就意味着我们自己变得贫穷;看到别人生活幸福,立刻就会感到自身的不幸。

有时候我们会产生嫉妒,同时又在心中深感自责,觉得是不是自己见不得别人好。但这真的不是因为我们"小心眼",只不过是社会本身所带来的认知谬误。

可悲的是,这种认知谬误在我们小时候就深深地烙印在记忆里——事实上,只要我们经历了批评或者表扬,就一定无法避免这种纵向关系的认知。

可喜的是,即使我们已经成年,仍然可以对这种情况做出彻底的改变。只要能够刻意地在我们生活里建立一次横向关系,就可以更新我们对所有关系的认知。因为横向关系才是这个世界的真相,纵向关系只不过是人为的病态产物罢了。

◆ 如何建立横向关系?

阿德勒给我们的第一个建议是"不表扬"。

当我们表扬他人的时候,比如"不错嘛,做得很好",一定会带着俯视的语感。而当我们求表扬的时候,也就立刻让自己自动进入一个被俯视的位置。

阿德勒认为,人表扬他人的目的,就在于"操纵比自己能力低的对方",其中既没有感谢,也没有尊敬。

如果你会因为得到表扬而感到喜悦,那就相当于从属的是纵向关系,和承认自己没有能力。因为表扬是"有能力的人对没能力的人所做出的评价"。

第二个建议则是"不批评"。

因为批评和表扬同样,不过是同一个事物的不同侧面。其中的区别,无非是用糖还是用鞭子。最糟糕的是,如果我们以获得表扬,或者避免批评为目的,那最终就会选择迎合他人价值观的生活方式。

既不表扬也不批评,那我们可以做什么?

我们可以从三个方面来着手建立自己的横向关系。

第一,真诚的感谢。感谢对方的存在 —— 也就是说,对方的存在就是价值。

第二,表达自己的关心。这意味着你不只是要用眼睛,还要用心看着对方。只有这样,你才可以真切地感受到对方的需求。

第三,还要提醒自己不干涉。区分什么是自己的课题,什么是他人的课题,然后做到课题分离。想想这件事、这种困扰、这种行动,是谁来承担责任或后果?谁承担,就是谁的课题。不要把对方的课题,混淆成自己的课题。也不要反过来,把自己的课题,当成对方的课题。一个人不开心,是他自己的课题,因为他只能自己承担不开心的后果。但你选择关心与否，则是你的课题，因为你也只能承担自己关心与否的后果。至于对方会不会因为你的关心而得到改变，是对方的课题，而不是你的课题。

这些就是建立横向关系的关键。

尝试把表扬和批评，换成感谢与关心。与此同时，区分彼此的课题，建立不干涉的边界。

只要我们在生活中建立了一次健康的关系，那么我们与他人的关系也会发生本质上的改变。

我们对待他人的方式，最终总会潜移默化，成为我们对待自己的方式。

无视讨厌你的人

有读者来信告诉我：她在公司里升职了，这本来是一件值得高兴的事，但公司里开始有人八卦说，她之所以得到客户总监的职位，是因为和客户之间的关系不清不楚。她不明白，为什么有的人就是见不得别人好？

如果想要证明自己的清白，又该怎么做呢？

◆ 切勿陷入自证的陷阱

自证注定失败的第一个原因，是这个世界上有很多人，总是喜欢把自己的快乐建立在他人的痛苦之上，这是人的本性。如同喜爱炫耀的"富有者"，他们最大的快乐并不是拥有某种昂贵的商品，而是自己拥有的"别人买不起"。可当普通人也能够拥有相同的商品后，"富有者"就会开始嫌弃那些曾经给他们带来快乐的商品，继而去寻找人们买不起的东西。

除此之外，人们还会不断地追求那些给他们带来快感的刺激事件。因为人们的多巴胺系统总是在渴望更多的东西。一旦得到后便不愿意停止，并且需要逐渐地加码。

当你既焦虑又痛苦地陷入"自证陷阱"中的时候,那些逼迫你自证的人,就会得到一种隐秘的快感。为了继续得到这种快感,他们会逼迫你继续自证。于是,当你拿出证据的时候,他们又会指出其他的问题,让你像转盘上奔跑的小白鼠,徒劳无功地继续自证。即使你的证据足够充分,他们也会说:"你这么着急解释,一定是因为心虚吧?"

自证注定失败的第二个原因,来自人性的另一条规律:一旦设定了目标,就只会关注和该目标相关的事。如果说自证者的目标是澄清事实,那么误解者的目标,就绝不是寻求真相,而是维护立场,并释放攻击。

正如 20 世纪 70 年代,由认知心理学家乌尔里克·奈塞尔设计的实验,也是心理学史上最知名的实验之一——"看不见的大猩猩"所揭示的,一旦人们预先设定了目标,即使是最明显的信息、最清晰的证据,也会被人们直接无视。

自证注定失败的第三个原因,是"证有不证无",我们无法证明这个世界上"不存在"什么。

为什么我们无法证明?最直接的原因是我们无法做到完全归纳。

如同我们所说的,这个世界上不存在外星人。如果我们想要证明这一点,那么我们必须去搜寻这个宇宙中所有的星球,然后罗列出所有的星球都没有外星人的证据。

而当我们说,我们没有做过某件事的时候,如果我们想要证明这一点,那么我们必须让他人走进我们的过去,24 小时每分每秒地跟随我们。而要想满足这两个条件都是不可能的。

因此，在逻辑学中，也就有了"证有不证无"的定律。

只不过逻辑的规律，根本无法抵御情绪的规律。只要有人说草丛里有蛇，人们就会对草丛产生恐惧。唯一的办法，是知晓真相的人不进行任何解释，然后一切如常地在草丛里活动。等待人们的理性恢复之后，他们自然能够归纳得出新的结论。

◆ 被冤枉的时候，如何堵住对方的嘴？

从"把自己的快乐建立在他人的痛苦之上"的本性，到"设定目标"所带来的盲视，以及"证有不证无"的铁律，我们可以看到，当一个人试图证明自己的时候，是如何注定失败的。这可真够让人悲观的。

那么，当你被冤枉的时候，怎样才能用一句话堵住对方的嘴呢？

其实答案简单到令人难以置信，就是笑着点点头，说一声"谢谢"。甚至连一句话也不必说，你只需要保持自己的风度和礼貌，专心致志地去做你该做的事，加强你们之间的"对比度"。在有颜色的世界里，当白色与黑色放在一起的时候，白色会显得更白，黑色会显得更黑——完全相反的两种属性，帮助它们更好地界定彼此，也让人们更清晰地分辨它们的差别，同时又可以互为修饰。

当你的风度、礼貌，与逼迫你自证者的冷嘲热讽，以及话中带刺放在一起的时候，风度者更显修养，造谣者则愈加卑劣。

人性这个东西是魔法。但幸运的是，你总是可以用魔法打败魔法。

我们之所以会辩解，是因为我们害怕被讨厌。但人性这个东西很奇怪，只有当你开始拥有"被讨厌的勇气"时，才会得到"被钦佩的可能"。

做治愈自己的英雄

会哭的孩子有奶喝？不，一项令人遗憾的研究发现，爱哭的儿童其实更容易受到欺凌。

尤其是在幼儿园里，如果一个孩子爱哭、胆小、不爱说话，那么当他和其他孩子在一起的时候，很容易就会成为被欺负的对象。反而是那些爱笑的孩子，往往能够得到更多的关爱。

这也符合人们在交往中的常识，我们会给那些不自信的人打较低的社交评分，然后对那些举手投足之间更优雅大方的人报以更多的好感。

为什么会这样？他人对待我们的态度，到底与我们身上的什么特质最相关？

◆ **肢体语言给我们带来的影响**

在《人生十二法则》中，那个战败龙虾的故事广为人知。

简单来说，就是在战斗中胜利的龙虾肢体会更舒展，分泌更多的血清素，并因此而更自信，更愿意面对挑战。战败的龙虾则会分泌大量章鱼胺——这是一种失败者才会分泌的神经递质,让其尽量缩小自己的身体,显得更不具有威胁性。遇到挑战的时候,也会更容易退缩。

这就意味着肢体的舒展程度,决定了其他龙虾对待这只龙虾的态度。它们会对趾高气扬的龙虾避而远之,然后选择那些一看就知道是失败者的龙虾进行挑衅和攻击。

人和龙虾一样,都会根据身体姿态来评估彼此。如果你显得失败,那么别人也会把你当失败者对待;如果你笔挺地站立,人们也会用不一样的态度对待你。

换句话来说,别人如何对待我们,在很大程度上受到了我们自身的影响。在其中,最显著的特质,就是我们的"肢体语言"。

肢体语言包括动作和表情,是一种下意识的语言,也是他人最容易捕捉到的语言——在面对面的交流之中,非语言信息的力量,要远远超过能够说出来的信息。当一个人气宇不凡,即使他没有穿昂贵的衣服,我们也会报以兴趣和尊重。

与之相反,即使一个人穿了一身名牌,却气质猥琐,我们也会唯恐避之不及。当你向他人提出要求,如果面露微笑,只要不是太过分,得到的总是正向回应;而如果抿着嘴角,神情愁苦,得到的往往会是拒绝。

◆ **人的肢体语言是怎样形成的?**

内心状态是主导肢体语言的主要因素。我们会在高兴的时候手舞足蹈,在难过的时候则面容忧愁,身体也倾向于一动不动。由于每天都会发生一些事,因此我们的内心状态处于不断地变化之中,这一点也不足为虑。

只不过有一项因素，却能够在一段更漫长的时间里，持续地影响我们的内心状态。这项因素，就是我们的成长经历——那往往有塑造人格的力量。

我们常常无法意识到这件事。如同雨虽然停了，但你仍然知道下过雨。你的意识也一样，只要你产生过某些想法和感觉，即便你已经遗忘了，它们也会在你的大脑里留下记忆。

一位回忆自己成长过程与当前人格关系的读者曾经这样写道："从我出生到三岁的时候，一直在外婆家生活。爸爸妈妈工作比较忙，一星期来看我两三次。因为出生时体质较差，我经常生病，所以外公、外婆都很疼我，经常抱着我吃饭睡觉、出去散步；对我的要求也是有求必应，要什么零食和玩具都给我买。所以我养成了依赖、任性、以自我为中心的性格，不懂得体谅他人。去哪里都大摇大摆的，惹人讨厌。"

我的家中有一位表姐，小时候和她接触时，觉得她大方自信，总是忍不住跟在她的屁股后面跑。后来，这位表姐读到初中却性情大变。去她家里的时候，总会看到她在沙发上使劲把自己蜷缩得很小，曾经的大方自信变得不知去了哪里。

后来再大一些，我们走在街上遇到时，她也会低下头避开我。以前我不太明白其中的原因，后来才懂得，那是和她经历了家庭的破碎事件有关。

无论是大摇大摆也好，在沙发上蜷缩起来也罢，这些行为都是肢体语言的一部分。并且，这种童年记忆形成的内心状态，对于肢体语言的影响是无意识的，也是最难以改变的。

◆ **改变我们的内心状态**

第一种方法最简单,就是有意识地改变我们的身体姿势。

回到刚才那个龙虾的故事。战败的龙虾在重新获得血清素后,会伸展自己的躯体,然后再次挑战之前的胜者。而这一次,它也会比之前的战斗得更持久、更努力。

在实验室中,龙虾重新获得血清素的方式,是通过外在的力量。比如使用百忧解或者用来治疗人类抑郁症的选择性血清素,再吸收抑制剂。

龙虾不能够通过自主的选择来有意识地恢复自己的血清素水平。而人类却不同,只要我们明白了血清素的分泌机制,我们就可以通过伸展自己的肢体,来让自己重新变得自信起来。它们之间互为因果关系。

当你开始笔挺地站立、昂首挺胸,你的神经通路就会充满你急需的血清素。随着这种神经系统的自动化反应,挺拔的你甚至会开始直面人生的重负,积极地迎接来自生活和他人的挑战。同时,你也会变得更加自信大方,收获对应的尊重,而非侵犯。

第二种方法,是为自己设定力所能及的计划。

这本质上同样是在给自己打血清素。完成计划是一种战斗,只不过这是我们和自己以及外部事物战斗,而非具体的人。每一次成功完成,都是一次胜利。胜利的感觉会让我们充满自信。唯一要注意的是,尽可能不要为自己制订复杂的计划。因为复杂的计划难以完成,这会增加人们的挫败感。我们要把复杂的计划进行拆解。

比如,当你的计划是成为一个学者,那么你可以把这个计划拆解成每天保持阅读30分钟。当你每天都能够完成这个计划之后,你不只会变得更自信，更舒展。一段漫长的时间过后，你还可以真的成为一个学者。而如果在一开始的时候，就为自己设定高难度的计划，那么你就会变得无从下手。抑或因为计划太困难，而难以坚持下去，最终选择放弃。这会进入失败者的"章鱼胺"循环。

第三种方法，是进行自我暗示。

自我暗示同样能够改变我们的内心状态，从而影响我们的肢体语言。例如，每天尝试在内心对自己说想要成为一个怎样的人，可以成为这样的人，会付出不亚于任何人的努力。随着每天的重复，你的内心状态就会改变。要知道，你的大脑就是被各种想法和感觉不断地塑造出来的。正因如此，你才可以运用你的意识来改善你的大脑。

第四种方法与成长有关，只不过需要换一个角度来看待成长的经历。

如同故事中的正面人物和反派人物，他们都有过受到欺负，或者童年遭受创伤的经历。反派人物通过否定自我来实施心理防御，其逻辑是：世界就是弱肉强食的，这个"我"因为不够强大，所以活该受欺负。承认必然性，可以降低痛苦的感受。我跟这个"我"没有关系，我不是"我"。我应该是那个有力量向"我"施加痛苦的一方。而正面人物则恰恰相反，他们通过被人伤害，从而理解受到伤害是一件非常痛苦的事，于是他们长大之后，就想要保护他人不受到伤害。

故事通过极端事件放大了这两种不同的价值观。故事虽然并不存在，但作为根基的价值观念却一直存在着。

错误的价值观会让人变得阴郁，对这个世界充满了不信任，痛恨他人，同时也在痛恨着自己。而正确的价值观则让人积极向上，接纳他人，也治愈自己。

在成长的经历中，有着痛苦记忆的人，同样也可以选择在自己的人生里做一个英雄，而非反派。不幸的人用一生来治愈童年，这话一点不假。故事里的英雄一生也都在不断地成长，惩恶扬善，这同样也是一种关于治愈童年的隐喻。而英雄的肢体语言，是最令人向往的——这些我们同样也可以做到。只要我们可以先从内心里与这个世界和解，然后对自己说：我愿意。

戒掉对他人的依赖感

朋友和我讲了一段他在某个酒局上的经历——在那次酒局上，他认识了一个抖音粉丝过千万的大网红。接下来，他对我说："他真的很厉害，我第一次认识这么大的网红。我们俩喝了几杯酒，还加了微信，以后我要是做抖音，可以找他取取经、帮帮忙，没准儿我也能火。"

我听了朋友的话，却忽然想起自己小时候，从一位亲戚那里经常听到的话："我们家这么穷，都没有一个富亲戚愿意帮助我们。"

这两件事看似没什么关联，但其实背后都违背了人与人相处中格外重要的规则。

◆ **相同的欲望，必定会产生利益冲突**

每个人都希望用最少的投入，获得最多的人际关系奖赏，这是人之常情。

我们希望坐在那里，摆出一副高高在上的姿态，就能够获得尊重；我们希望即使不赠送他人礼物，也能够得到别人赠送的礼物；我们觉得给别人一点点爱就够了，这样对方就会回馈全部的爱；我们甚至希望自己不用工作，就能够购买到他人的工作产出。

然而矛盾的是，许多人也总是会忘记，别人也是这样想的。

人性是相通的，任何一种欲望，别人也大概率会有。而相同的欲望，必然会带来冲突。

比如，每个人都想向上社交，那到底谁能向上社交呢？为了解决这种人与人之间欲望的冲突，人们学会了遵循一些必要的法则来互相约束。其中最重要的，就是价值对等交换的定律，也可以称之为礼节。

最简单的交换，就是情绪有来有往的善意礼节。对方鞠躬，你也鞠躬；对方微笑，你也回以微笑。当然，这种礼节也会有不对等的情况，但那同样也是约定俗成的——对长辈或者创造过巨大价值的人，应该主动表达尊重。

没有人能够在这种价值对等交换的定律中，得到任何超出自己所付出的价值的部分。我们会遇见"不懂得人际关系礼节的人"，也会遇见"格外懂得人际关系礼节的人"。和前者的交往过程中，我们付出多，收获少；和后者的交往过程中，我们付出少，收获多。

我们会渐渐地远离那些不懂得人际关系礼节的人。而察觉到自己的付出，总是无法得到对等收获的人，同样也会渐渐地远离我们。因此，能够长时间出现在我们生活里的人，大概率是和我们有着对等投入的。换句话来说，真正对我们有价值的关系，其实就存在于我们的生活里。只有这些人，我们可以肯定地说，自己有了困难，是可以请求对方的帮助的。

◆ 不要高估你和任何人的关系

未来，也许在我们的生活里会出现新的人和新的可靠关系，但时间还没有让这种关系通过价值交换，来凸显出意义。我们所拥有的，往往代表着我们的真实价值。我们认为自己应该拥有的，则往往是我们不切实际的想象。

因此，不要高估你和任何人的关系，要学会遵循人和人之间相处的基本定律。多想想自己此时此刻能够给他人什么，而不是自己愿意付出多少，更不是我能从他人那里得到哪些。

戒掉对任何人的依赖，脚踏实地地做好眼前的事，不断地提升自己能够给他人的价值。这比认识了那些厉害的人要重要得多，也比烦恼为什么没人愿意帮助自己要重要得多。

要明白，这个世界并不是朋友多了路好走的，而是路走好了，朋友才会多。

你对我的评价，不构成万分之一的我

记得在很多年前的一次饭局上，有位萍水相逢的朋友，在饭桌上数落着某位不在场的作者。说其小肚鸡肠，不只文章写得拖沓，人也胡子拉碴，很邋遢。

后来偶尔想起这次饭局上的对话，这个人说的话依然是历历在目的。我却很难把"小肚鸡肠""拖沓""邋遢"这样的形象，和那位不在场的作者联系在一起，反倒觉得这些形容词更符合那个说话人的印象。

理智告诉我不是这样的，他说的是别人，不是他自己。可感性这个东西很奇妙，我就是无法抗拒地把他口中的"别人"，和他自己联系在了一起。原因不得而知。直到有一次，我和一位在心理学领域深耕多年的朋友聊起这个奇怪的现象。他告诉我说，这很正常，不只是我有，大部分人都有。在心理学上，这种现象被称之为：胶水效应。

简单来说，就是一个人无论在表达什么，最终都会反弹到自己身上。

◆ 你的表达，最终都会成为你内心想法的投射

当我们说某人的好话或者坏话时，人们会试图将那些特质和我们联系在一起。如果我们到处说某个人的闲话，人们就会不知不觉地将"说闲话"与我们联系在一起。如果称某个人为傻子或者怪人，那么过后人们可能就会认为你也一样。

如果我们将一个人描述为敏感的、迷人的、富有同情心的，我们自己也会被认为具有这样的特点。

这都印证了一句古语中所体现出来的智慧："我是橡胶，你是胶水，你所说的从我这里弹出去粘住了自己。"

——戴维·迈尔斯《社会心理学》

随口抨击他人，是容易的；克制住自己抨击他人的欲望，转而看到他人的优点，是困难的。看到他人当前的不足，是容易的；看到自己当前的不足，是困难的。言语向来都不是身外之物，每一句从口中说出来的话，最终都会成为自身的印证。

我曾经没办法讲清楚这个道理，只是隐隐约约地觉得，说正向的话是好的，说能够砥砺自己的话是好的，表达对美好品德的向往是好的；说伤害别人的话，尤其是在背后说这种话，是不好的。因为每当听到别人这样说自己，就会感到痛苦。推己及人，也就能忍耐克制了。

我没想过那些说出口的所谓的"正能量"会成为我自己，那会儿我是不折不扣的问题少年。十几年过去了，当我回头看的时候，却奇迹般地发现，那些"自强""意志""要成为更好的自己"，即

使在说出口的时候，被人们讽刺是做作，是大言不惭，是心口不一，可最终，仍旧在自己的身上发生了改变。

当然，我离自己口中的真正希望成为的样子还相差很远。但我和曾经那个糟糕的、一身坏习惯的自己，也已经截然不同。我的言语没有成为别人，它们只是源源不断地，向我自己发散某种能量。

而我也终于明白了那句话的真正含义："你对我的评价，不构成万分之一的我，却是一览无余的自己。"

如果你总是习惯性地批判他人，如果每当你开口表达，不说一些别人的缺点，就不知道该说些什么的时候，那么我真心地规劝你，停止做最终会伤害自己的傻事。试着学习那些古老的、经过时间验证的智慧，试着在背后真诚地赞美他人。

因为这种赞美，会让你拥有成为这种赞美的可能。而任何一种诋毁，都只会让自己成为诋毁本身。

别被假装努力的人推向深渊

这两年经济大环境很不好。认识的一些朋友常常抱怨自己的收入骤减,生活水平下降。更有甚者负债累累,乃至破产。

最近的各类社会事件,又为这原本就糟糕的环境雪上加霜。

可是在我看来,这还不是最糟糕的。最糟糕的是有一些不负责任的媒体人,用一种完全错误的价值观裹挟人们的情绪,充当把人们推向深渊的推手。

他们遭遇了生活的变故,又声称看到一些人因为失业而深陷抑郁、焦虑,因为破产而让多年的积累付诸东流,因此开始抨击努力的愚蠢:当辛勤耕耘换不来收获,那么克制和忍耐就毫无意义。

"既然什么都无法得到,既然得到的很快就会失去,那为什么不让自己及时行乐呢?这才是最好的选择。"这种论调乍一看似乎是有道理的,如果努力不能收获什么,那么努力的意义又在哪里?可这恰恰又正是问题的关键:我们努力到底是为了什么?这个问题的答案,甚至比努力本身还更重要。只有知道自己的终点到底在哪里,一切行动才有意义。而无论你选择努力,还是及时行乐,都不过是一种行动,而非终点。

要回答这个问题,则必须讲清楚两个重要的概念:一是自我效能,二是习得性无助。

◆ 自我效能与习得性无助

什么是"自我效能"?自我效能,指的是你相信自己既有效率,又有能力去完成某件事。

任何一个人,只要有过自我突破的经验,就能够领会到自我效能。这种自我突破,包括但不限于对某种习惯的改正——比如早起、戒烟、戒酒、戒游戏等等;还包括对某种知识或能力的掌握,比如在学校的各种课程,在公司里通过一番磨砺,掌握了原本不会的技能,等等。

而"习得性无助",则处于自我效能的对立面。

这一概念的发明,源自很多年前,人们还不像现在这样关注动物权利时的一些实验。那个时候,人们研究发现,关入笼内而无法逃避电击的狗,会习得一种无助感。之后,这些狗就算处在可以逃避惩罚的情境之中,也只会被动地畏缩,而不选择逃避。然而,如果当狗学会了自我控制——比如给它某种机会,可以逃避开最初的那些电击,那么它们将会更容易适应新环境,并选择一种对避免这种惩罚有利的策略。

于是,研究者马丁·塞利格曼就提出了"习得性无助"这一概念,并指出这种情况在人类生活中也广泛地存在。

◆ 习得性无助的来源

习得性无助在人类生活中,有三个主要的来源。

首先,是源于童年的一些经历。

因为那个时候的孩子对这个世界其实并没有什么抵抗力。当前有一句话很流行："不幸的人用一生治愈童年，幸福的人用童年治愈一生。"究其根源，就在于习得性无助。只不过，这句话并没有任何指导意义。其误导性倒是让很多人深受其害。因为归因指向了无法改变的童年，却又不知道现在应该怎样去做，因此无助感会深化。

其次，是源于好高骛远的毛病。

什么是好高骛远？就是要求自己必须完成一个根本无法完成的目标。这里的用词是"必须完成"，而不是"有所偏好"。

举一些例子：

当一个人还不知道怎样写文章的时候，他每天都要求自己必须成为一个文学大师；

当一个人还不知道如何经营生意的时候，他每天都要求自己必须精通所有的管理之道；

当一个人还不懂得如何完成一个策划案的时候，他要求自己必须要做到像公司里的老手一样好。

这就是好高骛远。

而有所偏好，则指的是希望成为一个文学大师，但今天写得有点糟糕也没关系；希望自己能精通所有的管理之道，但今天做不到也没关系；希望可以做到像公司里的老手一样好，但今天没有达成目标也没关系。

"有所偏好"会激励其行动，而"必须完成"，则必然会导致习得性无助，并由这种无助走向逃避。逃避写作，逃避做生意，逃避完成策划案。

最后，则是源于社会环境。

文章开始提到社会的大环境不好,就是这样一种环境。人们感觉到自己的努力没有任何意义,做什么都无法改变环境,因此变得被动、抑郁、死气沉沉。

在这三种原因的影响下,大量的人产生了习得性无助效应,并最终得到了痛苦的一生。这是非常令人遗憾的。但更让人愤怒的是,一些有影响力的人不明就里,又有极强的情绪渲染能力,通过种种内容输出,激发"习得性无助"的共鸣。这种足以蛊惑人心的共鸣,不只对身处困境之中的人的生活,没有丝毫改善,反而让他们更加深了这种印象:"是啊,每个人都是这样,我还能怎么样呢?"并就此沉沦下去。

◆ 假自律与真自律的区别

明确区分出自我效能与习得性无助,对个人成长来说是非常有必要的。因为自律如果搞错了方向,不只是对成长无益,反而更容易遭遇习得性无助。

我们将这种很可能会遭遇习得性无助的自律,称之为"假自律"。而可以避免习得性无助,并能够在任何时间、任何地点、任何社会环境之中,提升自我效能感的自律,则称之为"真自律"。

事实上,真自律和假自律,在行动上的区别很小,它们最大的差别在于目的。

假自律的目的,是为了改变外在的世界,或者希望得到外在世界的反馈。这与其称为自律,不如说是一种极度自恋的表现。他们认为只要改变自己,就能够让外在的事物,跟随自己的意志而改变。

但真实情况并不是这个样子的。外在世界的变化,是多种因素交互影响的结果,并不以人的意志为转移——即使是某种历史性事件，看似是某个强权人物来主导，事实上也与当时的社会文化状况、人群情绪点，乃至气候的变化脱不了关系。

任何一种声称"自律"就能够改变一个人生活的论调，只要你相信了，那么就等于携带了一个定时炸弹：当你遇到自律也无法改变环境的时刻，就会获得"习得性无助"的体验。接着很自然地产生了逃避、愤怒、抑郁、消极等负面的倾向。

这个炸弹可能会爆炸，也可能不会。但它必然如同一把达摩克利斯之剑，总是悬在你的头顶上方。

真自律的第一步是校准。也就是让你知道自己到底是谁。接着你才能知道自己在哪里，并将要往哪里去。而一个人只有学会了如何时时刻刻地校准内心的状态，才能体会到恒久的自我效能。即做到"真自律"。

无论其使用的手段或方法是怎样的，真自律改变的永远都是你内心的状态。只不过这种内心状态，既无关乎平静、喜悦、奋进这些积极情绪，也无关乎摆脱焦虑、困苦、煎熬这些负面情绪。这是真自律的第二步。

◆ 做到真自律的次序

既然真自律的第一步是校准，那我们就必须知道，如何正确地体认"我是谁"这个问题，这个亘古以来人们一直在苦苦思索的问题。但仔细思量起来，其实是值得玩味的：无论你认为自己是谁，如果你使用的是"提问—回答"的方式，当你得到答案的那一刻，你就不再是你自己。

为什么？因为自己是看不见自己的，自己也是意识不到自己的。没有人可以通过拽着自己的头发，把自己提起来，这是很简单的道理。把握到"真我"的时刻,恰恰就在于你感觉不到"我"的时刻。你可以称之为"无我",但更好的表述是:一种全然体验的当下。只有当你处于这种当下的时候,才能够把握完全的我。

一些运动员是很能够体会这个过程的,他们将其称为"心流"时刻。比如,游泳这种需要很高技巧的体育项目,运动员在奋力前行的时候,既能够意识到自己在游泳,也意识不到自己在游泳;既能意识到他在使用某种技巧,也意识不到他在使用某种技巧;既能意识到自己是在与他人竞争,也意识不到自己是在与他人竞争;既能意识到他曾经的种种经验,他忽然迸发出的灵感,也意识不到这种种经验和迸发的灵感。意识里发生的一切,他都接纳,然后与当下完满地融合在一起。

而所谓"校准",就是为了能通过一些具体的方法,进行不断地刻意练习,让自己更容易进入到这个状态里。

校准之后,才是方向的选择。在这个过程中,你应该学会始终避免所有可能会产生"习得性无助"的方向。而最终你会发现,只有两种方向是可以称得上绝对安全的:第一,是对内心状态的修正;第二,是对自身品德的追求。

由于它们的结果是内在的,而非外在的,所以天生就是稳定的。是在任何时间、任何地点、任何社会环境之中,都不会受到影响的。

你寻找,就能得到。你叩门,它就为你开门。即使是在最极端的情况下——比如身处牢笼,一个人也可以始终控制他的心灵。

能够看到这一点,对任何人来说,都是富有启示性的。

◆ 如何真自律?

最后,是如何让自己做到"自律"的三个具体方法。事实上,它们本质上是共通的，都是第一个方法的延续。之所以分成三个部分来讲述，是为了讲清楚其中微妙的区别，以及彼此之间相互影响、相互促进的关系。

第一个方法，是用来帮助"校准"的，我们会在这个过程中，收获回到当下的能力。

虽然有多种校准心态的方法，但总结了多年经验，我修习过最便捷有效的，是"正念"法。而正念之中，最容易入门的，是"观呼吸"。用五分钟的时间，通过专注的呼吸与当下进行连接，随后忘掉呼吸，完全地去感受当下。

方法也很简单：选择一个让你感到舒服的姿势坐下来，背部挺直，然后闭上眼睛。在吸气的时候，默念"吸"，感受着小腹的隆起，以及空气吸进身体的过程。随后缓缓地呼气，并默念"呼"。感受空气经过鼻腔时的温热、小腹的收缩。整个过程中，放松你的面部肌肉和肩膀，然后慢慢地，让自己停止默念"吸"与"呼"，转而全然地去感受呼吸的过程。

很快，你会发现自己的注意力被脑海中的想法带走了。没关系，重新回到第一步，专注于自己的呼吸。注意力分散又重新收回的过程，就是在模拟心灵离开当下，又回到当下的过程。它和锻炼肌肉的过程很相似，通过每天5分钟的练习，你的正念肌肉就会得到强化，更容易察觉到自己是在什么时候离开了当下，并让自己更快地回到当下。你可以在自己生活的方方面面使用这种能力，小到洗澡、吃饭，大到人生重大的决策。

而在正念呼吸的过程中，你事实上完成了两件事：第一件事，是与"真我"连接。在你既没有意识，也没有无意识的时刻，你仿佛成为呼吸本身。那一刻,你就连接到了"真我"。熟悉这个过程之后,你很容易就可以在任何事情上做到正念,从而提升自己的工作表现、运动表现、家庭生活表现,等等。第二件事,则是"知觉到的自我控制",这同样能够避免习得性无助。因为习得性无助本身,是通过让一个人体会到无助,来打击其心灵的。而生活本身是复杂的,充满各种意外的,你无法控制自己不遭遇任何打击和困境。

可是,当你在任何时候,都能够控制自己,感受呼吸的节奏时,你就能够从这种打击之中恢复"自我效能"。从而更有动力,更积极,更不容易抑郁和焦虑。

第二个方法,是自我效能的启示。

研究表明,通过坚持锻炼计划,或减少冲动型购物行为来锻炼自我控制的大学生,同时也能够减少垃圾食品的摄入、减少酗酒,并在学习中更努力。也就是说,当你学会在某一生活领域如何发挥意志力时,会更容易抵制其他领域的诱惑力。

可是你知道,如果一个虚弱的人没有经过基础的练习,就骤然走到健身房里,想要举起几十公斤的器械是不可能的。更不用说将这一困难的事磨炼成习惯。

而每天 5 分钟的正念呼吸,就是非常好的基础练习。把 5 分钟的正念呼吸,养成每日必做的习惯。这对任何人来说,都不是一件困难的事。以此为根基,不断地练习,不断地升级,你的自控力肌肉必然会越来越强。

就如同开始的时候,从力所能及的 5 公斤举重不断地练习,最终就能够举起数十公斤一样,直到达到你的体能极限。从养成每天 5 分钟正念呼吸的习惯开始,不断地让自己养成其他的好习惯,比如读书、锻炼、早睡早起，你就越来越能够更好地控制自己。

要学会看到事物的反面：既然无助是可以习得的，那么自我控制也必然是可以习得的。

第三个方法，是避免"好高骛远"。

要战胜这种好高骛远，以及其容易带来的习得性无助，最好的方法就是一步一个脚印，给自己设定一个当天可以完成的目标，或者可以称之为"计划表"。

比如，不知道怎样写文章，就先练习每天能够在书桌前写 30 分钟；不知道怎样做生意，就先练习每天在固定的时间开门；不知道如何完成一个策划案，就先练习每天读策划类的书籍，等等。

这种目标，随着一个人的认知水平的提高，是可以无限精进的。如果用一句话来解释，那就是：不要把结果当成目标，而是将过程当作目标，把每天的练习当作目标，把养成某种习惯当作目标。

人性是贪婪的，我们总是想要立刻就得到结果。但立刻就得到，就必然意味着什么都得不到。

最后，要永远记得：自律的目的，不是为了得到任何外在的奖励，而是获得内心的救赎。

远离那些假装努力的人，不要被他们裹挟你的情绪，耽搁你的脚步。学会活在每一个当下里。因为只有当下才是最有力量的，才是真正能够为你带来改变的。不管身处何地，只要付诸行动，你就一定会和那个更好的自己相遇。

赤诚、体谅，是人情世故的必杀技

很多年前初入职场时，在工作上认识的朋友和我说起过职场里的人情世故。

他说，在职场里，你的人情世故就是紧紧地跟随你的上司，永远不要跨层级汇报。如果你这么做了，就几乎断送了晋升的渠道。这在根本上，意味着你并不忠诚，时刻想着背叛。"唯顶头上司马首是瞻"，就是职场的生存法则。

后来，听到一些所谓成功学的大师，讲如何为人处世。总结下来，他们认为的人情世故，就是用不露痕迹的方式，为自己争取利益，抑或如何进行最大限度的自我保护。前者《厚黑学》是鼻祖，后者则是常见的精致利己主义。这些或者都是人情世故的一部分。但是，它们离真正的人情世故，还差得太远。

◆ **什么是人情世故？**

人情，指的是每个人的基本感情。这种感情的驱动力量，有时是贪、嗔、痴，有时又是真、善、美。贪、嗔、痴无非饮食男女，真、善、美则指向每个人心中想要超越人性局限的本能。

世故则是对人情的约束,是人与人之间应当存在的边界。因为无论贪、嗔、痴也好,真、善、美也罢,一旦过度皆为灾。

在职场中,上司的人情固然有他的"饮食男女",但也有他履行为人子、为人夫、为人父,或为人女、为人妻、为人母的责任。

老板的人情,固然有他的利益最大化,但也有如何为他人创造更长久的价值——因为任何一个企业,如果无法为他人创造价值,就失去了存在的基础。人情让一个人可以为了财富,为了个人价值的实现,而不要命地工作。

而世故则是多种元素制约之下的平衡。世故看似是无奈的,但也是必然的。世故可以让这个人在自己不要命的时候,别搭上别人的命。可以在给自己找活路的时候,也别断了别人的活路。可以在照顾自己感受的时候,也想想别人的感受。

◆ 赤诚是最基本的人情,体谅是最基本的世故

真正的人情世故,不是对人性之中永恒存在的弱点怀抱着厌弃之心,抑不是用洞察一切的傲慢,把他人当成实现自己利益的工具。而是深刻地理解到这种人与人之间无奈的、无法明白说出来的妥协与试探,并总是心怀赤诚和体谅。

是啊,大家都是人,都不容易。我知道你的难处,但经历种种之后,我们终究还是要并肩合作,去奔赴更好的明天。

在所有的人情世故之中,赤诚是最基本的人情。因此总是能够在纷纭乱象之中,洞察事物背后的本质。

体谅是最基本的世故。因此哪怕明知最后是一场凉薄,可仍旧不改我心滚烫。

别为他人的情绪买单

写这篇文章的缘由,是收到一位读者朋友的留言,她向我倾诉了和婆婆、老公相处的过程。

她原本的性格是十分温柔的,很少和别人起冲突。但她只要和老公、婆婆相处时谈到育儿问题,自己就容易陷入愤怒和暴躁的情绪里。她觉得孩子的教育问题、健康问题,婆婆总是会乱插手。明明有更科学的建议、更好的成长路径,婆婆还是执拗地按照老一套的方式来。

有一次,她没有控制住自己的情绪,在老公面前和婆婆发了顿火,说以后不要带孩子去街上吃那些垃圾食品了,一点儿也不健康。

因为这次情绪失控,她自责了很久。但她更不明白的是,为什么她在别人面前明明可以控制住情绪,但当婆婆和老公在场的时候,却总是容易情绪失控?

答案其实并不复杂。

如果一个人在大多数时候情绪都是可控的,而只在某些特定的人面前无法控制自己的情绪,那么最大的原因是受到了他人情绪的影响,为他人的情绪买单。

也就是说,在自己"失控"之前,当时的环境事件,早已缓存在了大量的情绪里。

◆ **人与人之间的情绪影响，是微妙且迅速的**

美国洛杉矶大学医学院有一位心理学家——加利·斯梅尔，他做过一个被人们广泛引用的实验。他让一个乐观开朗的人，与一个郁郁寡欢的人同处一室。结果不到半个小时，这个原本乐观的人也开始唉声叹气起来。

——我们的情绪总是会受到他人情绪的投射和泛化。

许多人都有过类似的经历：和朋友在一起的时候，明明心情很好，但只要朋友开始抱怨，比如朋友吐槽工作不顺心、男朋友总是对自己爱搭不理、合租的室友爱占小便宜等，自己的情绪立刻就会变得同样不高兴。虽然知道朋友是因为信任自己，才和自己吐露情绪，但听着听着，自己也会变得情绪低落。

当然，我们的情绪，不只会受到当前情绪的影响，也会受到成长环境的影响。

比如，即使没有任何人在自己身边，但内心总是会有一个焦虑的声音，在不停地告诉自己，如果这件事情做不好你就完了；如果不能尽善尽美，你就是一个失败的人。

但当我们仔细回想，我们不禁会问：那个声音到底来自哪里？

它其实并不属于自己，而是来自成长过程中某个重要的人。

甚至，这种成长所带来的影响，会更极端和病态。比如过分地希望他人不要因为自己而感到困扰，即使别人有哪怕一点点情绪的低落，都会觉得是自己的责任。

我们的情绪，为什么总是如此容易受到当下事件和成长经历的影响呢？

这很大程度上来自本能中的对于无法被社会接纳的恐惧。

社会接纳程度对一个人的影响是不言而喻的。如果个体无法得到社会接纳，首先遇到的就是生存问题。比如，家庭就是一个小社会。如果一个孩子在其成年之前，无法获得家庭的持续接纳，那么他就无法独立生存。进入社会中也是同样，如果我们无法被社会接纳，我们就很难找到工作生存下去。

在如此巨大的生存压力之下，我们会尽可能地争取他人的好感，希望与人为善，然后让自己的言行合于潜在的群体规范。

这本来是一件好事。但过于在意他人的情绪，会让自己陷入持续的内耗之中。

◆ 如何更好地控制自己的情绪？

这就需要利用大脑中"前额叶－杏仁核"之间的通路。

杏仁核是大脑中边缘系统的一部分，位于我们大脑皮质下方的一处小小的杏仁状结构之中。它是我们大脑的情绪中心，能够产生和识别情绪。

其具体作用，就是情境记忆和危险识别。譬如，当我们在生活中遇到不好的事情，尤其是对我们造成伤害的刺激时，杏仁核就会被激活，开始记录当时的情景与感受，并储存下来。接着，在我们的生活里，杏仁核会驱使大脑不断地扫描周围环境，来获取信息。一旦它发现环境中存在与曾经储存的威胁信息相似的线索，就会立刻变得活跃，向大脑发送危险信号，然后接管我们的大脑。此时，我们的身体会快速地分泌激素，进入应急模式。在这种模式下，我们要么会选择战斗，要么会选择逃跑。

而在人际关系中，战斗和逃跑，就变成了愤怒或者恐惧。独自相处时的焦虑也囊括其中。也就是说，一个人的情绪剧烈波动，与杏仁核的过度敏感息息相关。

幸好，在我们的大脑中，存在着一个可以抑制杏仁核的通路——"前额叶 – 杏仁核"通路。

前额叶大约占整个大脑半球面积的25%。它是人最复杂的心理活动的生理基础。与杏仁核的本能反应不同，前额叶的能力可以通过后天学习来改变。继而拥有可以计划、决策、调节和控制人的心理活动，乃至抽象思考、推理策略的能力。

前额叶与杏仁核之间，总是处于一个相互抑制、动态平衡的关系。

举一个简单的例子：醉酒。这种行为之所以会让人们做出许多荒诞的事，原因就在于酒精抑制了前额叶的活跃，从而削弱了其对杏仁核的抑制功能，让我们受到最本能的欲望的支配——变成一个动物。而当一夜醒来，精神状态饱满的时候，前额叶就又会重新接管。

由于它具有决策、规划、抽象思考和推理能力，很快就能够推理出醉酒对一个人长期的危害，并开始自责。然后决定不再饮酒——至少前额叶活跃的时候人们真的在这样想。

总而言之，当杏仁核开始活跃时，一个人就会被情绪所控制。而当前额叶开始活跃时，一个人就会重新回到理性之中。

由于前额叶的能力是可以后天练习和强化的，只要我们能够不断地练习前额叶的能力，就能够更好地控制情绪。

锻炼前额叶的方法并不复杂，我们可以每天让自己冥想五分钟，抑或通过阅读、写文章或是简单的日记，与他人进行理性交谈，乃至投入工作中，有逻辑地处理事务。这些活动都能够锻炼到前额叶。

而最普遍有效的方法，就是自主地养成某种习惯，哪怕是最简单的习惯。比如，原本习惯了用右手开门，在一段时间内试着用左手开门。

这种有意识的活动能够让前额叶始终保持活跃状态，得到锻炼。而只要前额叶得到了强化，我们驾驭情绪的能力，自然就可以水到渠成。

◆ 情绪的投射

通过"前额叶-杏仁核"回路控制情绪，更适合普通社交，或者处理成年后的情绪问题。因为这些情绪难以形成长期记忆，继而无法形成长期情绪。因此掌控起来是简单的。

但由于童年记忆而形成的长期情绪，很难通过这种方法来解决。比如前文中提到的，即使没有任何人在自己身边，但内心里却总是会有一个焦虑的声音，在不停地告诉自己，如果这件事情做不好你就完了；如果不能尽善尽美，你就是一个失败的人。

当一个人仔细体会的时候，很容易就会发现这个声音并非来自自己，而是来自儿时严厉的父母所投射到自己身上的情绪。

为什么他们会投射自己的情绪？当人们控制不住自己的时候，就会想去控制他人。而控制他人最简单、直接的方法，就是蔓延自己的情绪。这个过程常常是无意识的。

还有一种可能性，是他们在童年时受到的影响，这种童年的情绪投射是很难避免的。找到情绪的起因，并不是为了让我们埋怨他人，而是能够更好地驾驭自己的情绪，进行课题分离。我们会通过这种方式体会到，此时出现在内心的情绪，并不一定是自己的情绪，而是对方情绪的一种投射。

我们需要的不是融合，而是要看清楚这种情绪的来龙去脉。因为看清楚的过程，就是我们在心中与其进行解离的过程——在这个过程中，前额叶的认知功能起到了很大作用。一方面，前额叶的活跃抑制杏仁核的活跃；另一方面，我们的杏仁核中被打包的错误信息就会通过这种认知被移除。如同做了一场手术，让我们不再对相似的情境反应过激，并最终治愈成长中的伤痛。

在最开始讲到的那个和婆婆、老公一起相处，情绪很难自控的困境，也可以通过课题分离的方式得到解决。每当自己感到愤怒和暴躁的时候，可以引导自己看清楚这种愤怒和暴躁。明白自己的情绪很可能只是受到了当时情境中某个人情绪投射的影响而已。

那不是自己的情绪，而是他人的情绪。在识别出自己的真正情绪之后，就完成了认知解离的过程，能够不再与这些负面情绪融合。接着，自然就能够不被情绪所裹挟，然后做出更理智的判断——要知道，这种面对复杂情绪投射时，能够不被情绪所影响，是一种可以被识别的宝贵能力。

拥有这种能力的人，在长期相处中，会自然而然地成为"领导者"的角色。从口中说出的话、提出的建议，即使不使用愤怒的方式，也能够被他人所重视和采纳。

锻炼前额叶与课题分离的方法交替使用，我们就能够更少地受到他人情绪的影响。同时，也不会有变得冷漠的风险。反而可以让我们有更多的精力，去理解他人，懂得他人情绪的起因，知晓对方此刻处于一种怎样的心境之中，又会做出怎样的反应。

总之，对自我情绪的掌控与理解，能够让我们用更为长期的视角，去对待自己的生活，经营人际关系。乃至以一种更为真诚、平静的心境，去体谅他人，理解他人，影响他人。

去感受，去理解，去思考，

前不久，我在网上的热搜里看到一对情侣在车上对骂的视频。看吵架的激烈程度，还以为是什么了不得的大事，最后知道了争吵的起因，只不过是男孩忘记拿手机罢了。

一开始，女孩说男孩总是粗心大意，男孩说女孩总是小题大做。女孩便质问男孩说，你这是什么态度？男孩一脸不耐烦，指责女孩是在无理取闹。接着两人的矛盾就一发不可收拾。

类似的情况，在生活中其实很常见。而很多作为争吵起因的小事，只不过是表象。表象之下的本质原因，才是值得我们深入思考的问题。

◆ **我们为什么会因为小事而陷入争吵？**

答案在于彼此之间的无效沟通。大家都不知道对方在说什么，甚至根本就没有听对方在说什么。

举个简单的例子会更容易理解这种状况：妻子下班回家告诉丈夫，她被公司开除了，自己完全是在替上司背锅，上司却把责任都推给了她。

但是她还没有说清楚事情的原委，就被丈夫打断了："你是不是哪里做得有问题,得罪了领导,才让人家抓住机会整你?"

妻子还想说些什么,但丈夫却让妻子尽快地反思自己的问题,告诉她:"事情都已经这样了,你生气也没用。"然后给出了一堆解决方法。

丈夫认为自己已经解决了这个"问题",但接下来,他一定会遇见很多让他感到莫名其妙的时刻:无论他再跟妻子说什么,都不会得到正面回应。

妻子开始和丈夫无端地吵架,可他完全不明白发生了什么,认为这一切都是妻子在无理取闹。但问题并不在于无理取闹,当最开始妻子被丈夫打断对话的那一刻,两人之间的问题就出现了。在那一刻,丈夫就已经把天聊死了。无效沟通,也从此开始。

避免无效沟通,首先在于避免下面这三句话。

◆ 避免无效沟通,第一句:你别说了

沟通是无处不在的。它是人与人之间、人与群体之间,思想与感情的传递和反馈的过程,以求思想达成一致,或情感得到满足。它的起点,是一个人用某种方式提出了沟通诉求,接着另外一个人进行回应。在这个过程中,人们充分地调动自己的全部身心:通过语言、表情、肢体动作、内隐或者外显的态度来参与。

在沟通的过程中,既需要沟通事情,也需要沟通情绪。前者意味着发生了什么,后者意味着感受如何。这两种沟通都很重要,只不过大部分人都没有意识到沟通是有顺序的。它的顺序在绝大多数时候,都是先回应情绪,再回应事情。而不是反过来,先回应事情,再回应情绪。

上文的两个例子则更为极端:只回应事情,不回应情绪。

也许你会感到奇怪,既然回应的顺序如此重要,且显而易见,那为什么还是有很多人不愿意回应情绪?原因在于,这两种回应方式,需要的时间和精力是不同的。

与回应情绪相比,回应事情其实不需要花太多的时间和精力,只需要给出事情的原因分析和解决方法就可以了,然后到此结束即可。在工作中,我们经常会遇到这种回应方式。其好处是高效、节省时间,坏处是由于太快回应,没有了解足够的前因后果,给出了武断而错误的答案。

回应情绪要比回应事情复杂得多。首先,这种回应必须做到全神贯注;其次,又必须设身处地为对方着想;再次,需要抛却心中所有的评价、既有经验;最后,回应情绪从来没有一个标志着"到此结束"的时刻。它是一个长期的过程,甚至在沟通过程里,会反复地出现。

人的天性是不喜欢麻烦的,喜欢依赖既有的路径和习惯。如果这种路径和习惯,是经过长期练习掌握的"正确的原则",那么就会让一个人用最节省精力的方式,走最正确的道路;而如果没有通过练习掌握"正确的原则",则会倾向于选择最简单、轻松的道路来走。也就是回应事情,而非回应情绪。又因为回应事情天然地存在着"到此为止"的结束标志,很多人之所以回应事情,其背后的潜台词其实是"你别说了"。但这种满不在乎的信号,不仅没让问题得以解决,反而会激化负面情绪。

人是社会动物,当任何一个人感到自己被忽略的时候,都会本能地产生恐惧或者愤怒的情绪。这就是为什么越是回应事情,事情就越是变得更糟。

正确的方式，是先回应情绪。那么，要怎样回应情绪呢？

首先，我们要判断此刻的情绪状态是什么。当然，这不需要我们识别出所有情绪的名称。我们只需要辨别此刻对方到底是处于正面情绪，还是处于负面情绪。

如果情绪是正面的，我们不需要做什么。如果是负面的，那么我们能够选择的就是——

1. 专心致志，且耐心地倾听。回应情绪是个漫长的过程，它永远无法一锤定音，只有给情绪以足够的时间和空间，情绪才能够疏解开自身的结。

2. 不要否认对方，无论是在语言中，还是在内心里。在进行情绪回应的时候，任何对于情绪的否定都是错误的。即使当一个人处于负面情绪中，所表述的事实是"错误"的。但我们始终要明白，我们并不是在对事实做出回应，我们是在对情绪做出回应。情绪是不容置疑的，我们要认可一个人在负面情绪中所表达的一切。

3. 注意自己的表情、动作。多前倾，而非后仰；多打开自己的双臂，而非双手环抱。表情和动作是无声的语言，保持兴趣和开放，而非抵触与抗拒。

能够做到以上三点，是进行情绪回应的基础。

◆ 避免无效沟通，第二句：你想说什么我都知道

在倾听过程中，还有一个需要注意的要点，就是不要快速地做出任何判断。过早地做出判断，除了是希望对话早一些结束的信号之外，还是一种冒犯。因为判断会在对话中建立一种居高临下的不平等关系。其潜台词是："你说什么我都知道。因此我比你更聪明，更智慧。而对比之下，你是愚蠢的。"

所谓判断，就是对事物的性质、状况，事物之间的关系，做出肯定或者否定判断的句子。

比如前文中提到的："你总是粗心大意。""你总是小题大做。""你是不是哪里做得有问题，得罪了领导，才让人家抓住机会整你？""都已经这样了，生气也没用。"这些都是判断。

那么，如何判断自己是在做出判断呢？答案是：除了事实之外的信息，都是判断。

所谓事实，就是什么时间、什么地点、什么人，做了什么事，说了哪些话。

也就是说，你必须保持对于事实的关注和兴趣，尽可能少地做出判断——尤其是判断对方的判断。

◆ 避免无效沟通，第三句：我觉得……

语言是什么？很多人都认为语言是沟通的方式，但事实上，语言是一种思考方式。

语言的边界，就是思考的边界。语言的框架，就是思考的框架。我们无法通过语言之外的方式去思考。也就是说：我们使用什么形式的语言，就决定了我们会以怎样的形式思考。

当我们在语言中，大量地使用"我"，意味着我们是站在自己的角度思考；当我们在语言中，更多地使用"你"，意味着我们开始站在对方的角度思考；当我们站在自己的角度思考的时候，是不会知道对方真实的感受的；当我们不知道对方真实感受的时候，只会增加彼此误解的鸿沟，而非让两个人的关系变得更好，让沟通变得更顺畅。

这背后的原因在于我们都喜欢和自己观点、态度相同的人，抵触和自己观点、态度相异的人。

当我们有一种爱好——比如跑步，而另外一个人也喜欢的时候，这会增加我们彼此之间的好感。这个时候，两个人对于跑步的观点是认可的，对于跑步的态度也都是积极的。

随着彼此在沟通中建立的共同点增多，两个人就越亲密。而共同点越少则越疏远。在极端情况下，仅仅只是观点态度的不同，就足以爆发战争。

只有当我们能够自如地切换思考框架，能够站在他人的角度考虑问题时，我们才能真的认可他人的观点、态度，理解这些观点和态度的成因。最终选择接纳，而非对抗。

最后，有效沟通的本质，其实都是在于对情绪的关注。关注对方的情绪，也关注自己的情绪。

每当我们只回应事情，频繁地判断，只站在自己的角度思考问题的时候，其缘由都来自恐惧。

我们恐惧为他人花费太多时间，我们希望沟通早点结束。因此，我们回应事情。

我们恐惧无法知晓一切，我们希望一切都是可以理解和解释的。因此，我们不断地判断。

我们恐惧被他人改变自己的观点和态度，我们希望这个世界能够按照自己的意愿运转。因此，我们无法勇敢地站在他人的角度去思考，去理解，去感受。

如果没有恐惧，无效沟通也就不复存在。

如果能够看清楚这些恐惧，恐惧也将在我们的心中失去立足之地。

适当关心，察觉对方真正的需要

有读者跟我说过这样一个问题：他和别人相处的时候，总是会过分关心对方的一举一动。有时候，甚至会因为一个眼神就改变自己的选择。于是，他想看的电影没有看，想吃的东西也吃不成。自己的情绪被牵着鼻子走。明知道这样不好，可还是忍不住。问我应该怎么办。

因为太过于关心对方，最终却让关系变得紧张，似乎是每个人都会遇到的难题。

可无论是处理和人之间的关系，还是处理和事之间的关系，都只有在你不那么"关心"的时候，才会更容易变好。

这一点有违常理，却千真万确。

每个学习过武术的人都知道，当一个人挥拳的时候，决定这一拳力量的，并不是其肌肉大小，而是挥拳最后阶段急剧爆发的速度。这就是为什么瘦小柔弱的人，也能用手掌劈开木板和砖块。

那么，这种速度从哪里来？

如果我们在挥拳的时候绷紧肌肉，那么这一拳的速度并不会变快,而只会变慢。除非我们可以有意识地让肌肉放松。这也是高阶的武术训练,要教会人的最重要的能力——不是如何锻炼自己的肌肉,也不是如何标准地完成自己的动作,而是放松,在紧张的状态下放松。因为一个人发挥能量的能力,总是与其放松的能力成正比。这一点,不只是在武术中如此,在生活中也是同样的。

◆ 关心是所有关系的开始

在生活里会发生许多事,我们也会遇到很多人,唯有选择性地关心,才能让我们知道哪些事情是重要的,哪些人是重要的。否则事物一并涌来,我们就无法建立正常的关系,不能与人合作,也完成不了生活的重任,头脑非得爆炸不可。

关心是重要的,但关心同样也会让我们失去放松的状态。

在关心之后,我们要做的第一件事并不是有所行动,而是放下关心,平复心情。否则我们就是在紧绷自己的肌肉——要么反应过度,要么刻意地对过度进行对抗,而反应不足。

譬如,人们经常关心中年的职业危机,这的确是一件令人焦虑的事。当我们反应不足时,生活就会化为一场温水煮青蛙的过程;当我们反应过度时,则会因为情绪的负担而举步维艰,甚至使用酒精或者打游戏的方式来逃避。

如果我们在关心来临的时候恰当地放下,然后选择某种方式来放松,让心情和状态平复到稳定的阶段,那我们就更能知道自己应该做些什么。譬如面对我们所爱之人的负面情绪,当我们反应不足时,必然是冷漠的。但反应过度,则会给对方造成困扰,甚至演变成两个人的争吵。

如果我们在看到这种负面情绪的时候,放下关心,转而让自己的心灵放松，我们就会在适当的时候，敏锐地察觉出对方的真实需要，并进行适当的回应。是关心，是帮助，也是给对方独处的空间。

◆ **如何才能让自己放松下来？**

人的身体与心灵，并不是独立运作的两个个体，而是一个互相影响的系统。

心灵的状态会改变身体。譬如，当我们感到自卑的时候，身体自然也会低头弯腰；当我们身处防备状态的时候，总是会习惯性地双手交叉，置于胸前；当我们感到紧张的时候，我们呼吸的速度就会自然加快。身体的状态，又进一步加剧了心灵的状态。低头弯腰的姿势加剧了自卑情绪，抱肩的姿势加剧了防备情绪，呼吸的速度加剧了紧张情绪。

我们可以任由这种循环自我强化，也可以有意识地改变这一点。

无意识的运作方式是通过心灵来改变身体。因此，作为对立面的意识，就必然可以通过身体来改变心灵。当我们的身体挺立的时候，必然会带来心灵的自信；当我们把双手置于身体两侧，必然会拥有开放的心灵；而当我们可以有意识地放缓呼吸的速度，让身心都处于平缓阶段的时候，我们就可以让心灵处于放松的状态。

每分钟呼吸 4~6 次，足以激活身心的放松反应。使用 7 秒钟吸气，8 秒钟呼气。或者 5 秒钟吸气，5 秒钟呼气，你就可以做到这一频率。在呼气的时候，要有所控制，你的气息应该像吸管中的气流，缓慢地从身体中呼出。而非像一个爆破的气球。这种放松的状态，也就是空手道中被称之为"心如止水"的状态。

想象把一粒石子投入沉寂无声的池塘中，池塘中的水会有怎样的反应呢？

答案是：依照所投入物体的质量和力度，做出相应的反应，然后又归于平静。池水既不会反应过激，也不会置之不理。一切恰如其分。

常常让自己回到身心平缓的状态，你就会心如止水，一切就绪，也能够恰如其分地回应生命中的所有关系。

习惯性反驳是种病

有读者曾问我,情绪价值到底是什么呢?

简单来说,其实就是让一个人的情绪,完成从"负面到正面"转变的整个过程。

比较极端的情况是从悲伤转变为喜悦,普通一些的情况是从悲伤到被安慰,抑或从麻木到开心等,都算是被人提供了情绪价值。重要的是转变的过程。

正面的转变,能够带来正面的情绪价值。与之相反,负面的转变,则带来负面的情绪价值。只不过,由于情绪的规律还并不广为人知,所以,在这个世界上,很多人是没有意识到,也没有能力去为他人提供情绪价值的。甚至,反而会条件反射般地索取价值。这种索取的方式十分隐蔽,简而言之就是:教育他人、反驳他人、贬低他人。也就是如今网络上常说的"爹味"。

◆ **为什么反驳他人能够索取到情绪价值?**

因为当我在指责你错的时候,就意味着我是正确的。正确,就意味着秩序;秩序,就意味着稳定;稳定,就意味着舒适的情绪。我不需要做出任何努力，比如在现实的世界里钻研、论证、实践、反馈、修正。我可以通过打压你，来直接得到我正确的立场，让情绪得到从"负面到正面"的转变。

在我们的生活里，其实很容易碰见这种人，不管你表达怎样的观点，他嘴里说出的第一句话，一定是否定句。这些否定句，包括但不限于："不是""不行""我觉得不好"……往往还伴随着摇头、闭眼、皱眉等一系列配套动作。

他们会说出自己否定的原因，但总是无法提出有力的论据，或者只提出一些片面的论据。当然，更可能的情况是，当他说出自己的否定意见之后，只不过是将你的观点，用他自己的话重复了一遍。

不要成为这种人，不要让反驳成为某种惯性。因为人与人之间，受到一种自然法则的制约，那就是"价值互换"。当你剥夺了别人的情绪价值时，别人也必然会剥夺你的情绪价值。当你指责他人的时候，他人也必然会指责你。只不过这需要时间。在时间里积累不满、怨恨、愤怒，然后在某个不经意的瞬间猛烈爆发。

多鼓励，多赞美，多看到别人的优点。同样，根据"价值互换"法则，你也一定会收获更多的善意。

◆ 多看见别人的闪光点

当然，我知道，要学会赞美他人，并不是一件容易的事。基因中求生存的本能，总是让我们乐于发现别人的错误。因为他人的优点，我们不一定能学习；但他人的错误与缺点，总是能够帮助我们避免灾难。

在日常生活里，我们之所以总是更容易指责他人，其实这并非我们本意，而是我们更擅长这一点。是的，这一点也是我们的本能倾向。

我们总是更愿意去做自己擅长的事。越是擅长发现错误，越是容易注意错误，也越是频繁地指出错误。这是一个糟糕的循环。想要打破这个循环，我们需要一些具体的方法，来进行"刻意练习"。

老实说，"习惯性反驳"其实也是我自己经常犯的毛病。年轻的时候，我经常和他人进行辩论，直至成为一个话题终结者，从而惹毛了一个和自己关系非常好的朋友。那时候他对我说："你再这样下去，不会有人愿意和你相处。你最好改改自己身上这个毛病。"

我很在意这段友谊，因此从善如流。朋友不只指出了我的缺点，还告诉了我一个非常好的方法——这些年坚持下来后，发现这个方法对我很有帮助。这个方法，就是每天在自己的日记里，写下别人的三个优点，并且不能泛泛而谈，需要足够具体。具体到什么人在什么时间、什么地点，出于什么原因做了什么事，这些体现了他的哪些优点。

在得到这个方法的当天晚上，我就在自己的日记本中写下："今天下午，我的朋友××，在我们常去的那家漫咖啡里，善意地向我指出我的身上有挑剔他人的毛病。多亏了他，让我得以避免在以后的社交活动中，不经意间带给他人伤害，甚至造成一些无法挽回的后果。我深知被否定的滋味，因为我也曾被他人否定而彻夜难眠，那感觉并不好受。××对我直言不讳，我也很感激他身上的那份智慧与宽容。"

我发现，这个练习进行得越多，我就越容易在细节处发掘别人的优点。而发掘得越多，也就越容易真诚地将自己的赞美表达出来。

一个人关注什么，就会收获什么。此言当真不虚。

◆ 怎样才能确保自己提出的反对意见，不是习惯性反驳？

答案是，在反驳之前，你至少要能够做到把对方的观点重复一遍。

举个简单的例子，当对方和你说："赞美他人是个很好的习惯，能够提供非常棒的情绪价值，也能让自己更受欢迎。"

如果你听到后，立刻进行反驳："不是，这太片面了。我觉得事情应该是这样的……"那么，这就是一种习惯性反驳。

你至少应该先用自己的语言，来重新组织对方的观点，并且当这种观点得到了对方的认可之后，才能够发表自己的不同意见。比如："你的意思是说，我们应该多赞美他人，比较少的否定他人。这样才能让彼此之间的关系变得更融洽，我这样理解对吗？"如果对方说："是的，我就是这个意思。"就说明你充分理解了对方的观点。接下来，再做出自己的反驳也不迟。

我们还需要明白一件事，就是在现实的世界中进行沟通，根本无法做到书面语言的严谨性。甚至，就连书面语言也做不到100%的严谨。任何一个观点、道理，都有自己的限制条件，而离开了限制条件就会失效。习惯性反驳的人，往往会轻易地找到限制条件，然后对原有观点进行反驳。

比如，就刚才的观点来说，其实很容易就能找到这种漏洞："赞美他人不一定是个很好的习惯啊，我看到有人在做坏事、偷东西，难道我还要赞美他吗？"

这种为了反驳而反驳的观点，真的是可以做到无止无休。要让自己摆脱这一点，或许唯一的方法，就是判断当前的聊天情景，是一场有主题的讨论，还是以娱乐为目的的无主题漫谈？

我想，对任何一个正常人来说，99%的生活场景都是后者。既然是后者,最好还是尊重后者的规则。大家聊天并不是为了聊真理,只是为了愉快地度过那么一段时间。既然是为了愉快地度过一段时间,就必然不能只让自己得到快乐,而是需要遵守"价值交换"的法则。

驳倒他人是很爽,但本质上,这只是一个零和游戏:我因为得到优越感而得到快乐,你因为受到打压而失去快乐。

换一种正和游戏会好得多:你因为我的赞美,而得到快乐。我也因为你的赞美,而得到快乐。

也许你会问,如果对方不遵守这个守则呢?如果对方是喜欢习惯性反驳的那一个呢?

这个问题不该成为一个困扰,因为他最终必然会失去朋友。你要做的其实很简单,就是不受他人的影响,保持自己乐于赞美的、友善的品德惯性。

从长期来看,这对你来说才是最优选择。你会因为这种品德惯性,而拥有更多真挚的友谊,还有充满鼓励的、正向情绪价值的亲密关系。你的外表甚至也会发生改变:更自信,更乐观,也更积极向上。

并因此为自己的人生,打开源源不断的正向循环。

该翻脸时就翻脸

几乎从小到大，我们都被父母、老师教育不要与人发生冲突——甚至要努力保持和睦。抑或要用尽办法取悦他人，这样才能相处融洽，受到大家的喜欢。

否定是不被允许的，学会赞同才能合群；要主动承担更多支持他人的工作，而非寻求自我实现；无论想要做什么，都要征求他人的意见或者许可。但最终的结果，却总是这样：会哭的孩子有奶喝。总是妥协的人，往往成了最容易被忽视的那一个。甚至从忽视变成欺负，从欺负变成压榨。

为什么会这样？人们所倡导的所谓"美德"，在现实的世界里，为何屡屡受挫？

◆ 大脑认识事物的方式

首先要明白一件事：生存是任何一个人最基本的需求，人类的大脑并不是为了"美德"发育的，而是为了生存发育的。

因此，它天生的职责就是收集资源、寻找威胁。资源应当是新鲜的，否则就会腐烂。而识别什么是威胁，则能够让我们进行更好的自我保护。这意味着任何不再新鲜且不具有威胁的事物，都会被大脑所忽略。这就是为什么我们会为新奇的事物投去注意力，而任何老调重弹都会遭遇冷落。

当新明星成了旧明星，就会过气；每天早晨都听到楼下两个卖早餐的吵架，吵架就会变成白噪音；今年拍新的节目，明年拍第二季，后年还拍第三季，这个电视台就要倒闭。

同样的道理，如果你用了大量的时间，向所有人证明你是一个顺从的、美好的、不会与任何人产生冲突的人——或者简而言之，你是重复且不具有任何危险的，那么你最终所得到的，不过是短暂的赞赏，也必然会遭到忽视。

也许你会觉得这并不公平，因为你学了太多"善有善报，恶有恶报"的训诫。这个训诫没有问题，有问题的是对善恶的理解。而"不能领悟自然的法则"，并不是一种善。

事实恰恰相反，它是一种恶。恶就会有恶报——如同你所学到的，这是自然法则。

◆ 为什么越讨好，越是无法得到尊重？

当你能够站在这样的角度去理解这个世界，一切人际关系中让人费解之处，都会变得一目了然。

可是为什么我们越讨好，越是无法得到尊重？因为大脑默认的认知，是只有弱者才会去讨好。这意味着，当你开始讨好的时候，并没有启动对方大脑中的"资源"开关。也就是说，你在讨好的瞬间，就会在他人心中失去价值。并在"想要成为赢家"这个自然法则的驱动下，他们会开始压榨你，控制你，支配你。

他们通过这个过程，一次又一次地得到"赢"的快感。

你会被物化，会被当成让他们得到快感的物品看待，从此也不可能再得到任何的尊重。因为你只是一个物件，而不再是一个人。

◆ 如何改变这一切？

你需要遵从自然法则，让自己成为"资源"，或者"威胁"。

事实上，这两个条件不过是硬币的正反面。如果你是资源，你一定带有对他人的威胁。如果你展示出了威胁的那面，那么你就一定拥有资源的特质。

举一个很简单的例子：当你身上带着一把剑，你就是带有威胁成分的人。你可以用它来伤害他人，但与此同时，你也有了相应的资源，因为你可以保护他人。

如果你总是能够做出让人感到意外的成就，说出并非老调重弹的言论，或者简而言之，让人耳目为之一新，那么你对别人来说就是一个资源性的存在，因为这意味着你有出奇制胜的能力。这种能力，本身就是一种威胁。而你到底是一个资源，还是威胁，则取决于对方对待你的方式是尊重，还是轻蔑。也就是说，任何时候你都不能让自己失去攻击性，也不能让自己总是被"料到"。

你需要有自己的态度，有自己的原则，并且当你的态度和原则受到挑战的时候，你要有能力、有勇气站出来维护它们。这并不意味着你需要时时刻刻开启战斗模式，只要当别人攻击你的价值观时，学会漠视即可。

比如，当你买了一件自己喜欢的衣服，有人告诉你"这不好看，太丑了"。你不必反驳对方，你可以点头微笑，然后置之脑后。

微笑证明了你的修养，漠视则证明了你的原则。而修养和原则，都意味着强大的能力。

在修养和原则的基础上，你还需要给自己的生活与事业寻求变化，不断地学习新的知识与技能，拓宽更为广阔的视野。如果你总是一成不变，那么就意味着你并没有出奇制胜的能力——因为这种能力需要大量新识见与新经验的支撑。

唯一不可取的，是"迎合"。当你为了他人的眼光，而穿上了对方想让你穿的衣服，那么你最终就会接受任何人的任何一种支配，并习以为常。你会成为一个被人取乐的道具，而非令人发自内心尊重的"资源"。

当然，除了修养、原则、无法被预料之外，你还要学会亮剑。尤其是当别人触动了你最想要保护的存在：你爱的人，你珍视的信仰，你在物质世界的利益。

不要害怕得罪他人，要拥有该翻脸就翻脸的底气和勇气。

只要手中有剑，敢于亮剑，该怕的就是别人。

第四章

Chapter Four

爱是一切的总和

想谈好恋爱，认知是关键

今天看到有人说起关于爱情的话题，原话是这样的——

> 对我来说，爱情不是一种状态。它代表着一些时刻。这个时刻我们是相爱的，之后，这个时刻可能会过去。但这个时刻的感情，不应该因为时间的长短，就被否定掉。

乍一看感觉有道理。两个人感到爱的时候，不就是某个特别的时刻吗？但仔细一想，琢磨出味儿来了：这说的哪是爱情啊？明显只是心动。

只要是人，在面对某些满足条件的异性时，都会心动。心动没问题，但是把心动当成爱情，那问题就来了。

这直接模糊了爱情的定义：爱情应当是忠诚的、担当的、克制的。并且，爱情还是浪漫的、心动的。

满足了这两个条件，爱情很完满；满足了前一个条件，爱情还算过得去；只满足了后一个条件，那便不叫爱情。

我得承认，两个人在一起的时间长了，会因为熟悉而无法在心里产生"化学反应"。因为能够让彼此在心里产生反应的，除了熟悉，还要满足一个条件，就是陌生。

一对新人男女，你不了解我，我不了解你。大家有说不完的话，有交换不完的人生体验。双方反馈的话题都太陌生、太新鲜了，那能不心动吗？

换言之，两个人相处的时间一旦过长，过分熟悉，便失去了陌生感，也就没有了心动产生的条件。

我们常常说爱情需要经营，经营的就是这种"陌生化的体验"——在某个节日里送出的小惊喜；去一个陌生的城市旅行；做一些日常生活里不常做的事；调节氛围，比如"我在看夕阳，你在看我"；一起看一部能唤起共同回忆的爱情电影。这些时刻，都会感受到爱的存在。

当然，除了这些以外，还需要两个人一起共同历经苦难的时刻，这样的体验更是非常宝贵的，也能够很大程度地让彼此感受到爱情的存在。

两个人刚在一起时的陌生化体验不需要经营，但时间越久，这种经营就变得越发重要。

事实上，经营爱情的过程，和学知识、写文章以及感知这个世界上其他美好事物的存在，是一样的过程，都需要真心来体会，用心去观察，耐心地积累。但最重要的，是必须先认识到这种心理反应能够产生的本质关系，才能更好地去经营、驾驭和练习。

如果把陌生且新鲜带来的心动体验，错误地当成了爱情，那问题就大了。

出门右拐，喝上几两酒，一天你能心动八百回。

把这些都当成爱情，那真是苦了和你谈恋爱的人。

怎样做你才能满意

某天,我收到了一封读者的来信——

勺先生,你好!

关注你已经五年有余,从开始的文字,到后来的视频,在你身上,我汲取了很多力量。

今天想给你写这封信,是因为我和老婆之间的关系出了一些问题。我们已经冷战一个月了,她忽然对我变得特别不耐烦,理由是我太不浪漫了。

可能是之前种种矛盾的爆发吧,这次我没有再忍下去。

我问她:"你到底想要什么?我浪漫的时候,你说我不上进;我上进了,你说我不浪漫。我不跟你说话,你不高兴;我跟你说话,你还是不高兴。你到底想要什么呢?你想要把我逼疯是吗?"

这次我真的是有点不知道怎么办才好了。我可以为她做任何事,为我的家庭做任何事。只要她能满意,我怎么样都行。

可问题就出在我好像怎么做她都不满意。讲道理也不听。

勺先生,请问我应该怎么办才好呢?

一个结婚三年的迷惑青年

我回信如下——

一个结婚三年的迷惑青年,你好!

首先,我可能要很遗憾地告诉你:你错了,而且错在了问题的根本上。

为了让老婆满意去对她好,这个前提就是错的。因为无论你怎么做,她都不会满意。婚姻也好,相处也罢,最重要的,是她对你根本就不满意。

民间有句俗话,不吵嘴不成夫妻。这句话是非常有道理的。

任何一对夫妻,都会经过争吵。无论这个家庭有钱也好,没钱也罢。无论你让老婆满意也好,不满意也罢,争吵都是必然的。

为什么呢?这源自个体矛盾的自发性和相处矛盾的普遍性。

矛盾的自发性,指的是一个人只要还活着,自身就会产生自我矛盾的地方。

矛盾的普遍性,指的是一个人和别人在一起生活、相处,也必然会产生矛盾。

可能有些人会否认这一点,声称自己和人相处,一直都是和谐的。其实,那只是没有看清楚矛盾的本质。所谓矛盾,不是说你攻击我,我攻击你,而是指彼此之间的差异。只要有差异,就会有矛盾。在这个世界上，没有两片相同的树叶，更何况是两个完全相同的人呢？

而所谓和谐，只不过是矛盾的不断平衡状态罢了。

你的诉求是希望让老婆满意，我可以理解成是解决你们之间的矛盾，而且是永远解决你们之间的矛盾。

矛盾的确是可以被解决的，这没有问题。可是想要一劳永逸地解决矛盾，就是一种认知错误了。因为旧的矛盾被解决之后，原本的矛盾就成为统一体。可任何统一体内部，又会有自身的自发性矛盾。接着，新的矛盾又会产生。

它如同你生活里大大小小的问题，今天解决了这个问题，明天还会有别的问题。只要活着，就会有问题的存在。这并不会以你的意志为转移。因此，重要的不是让老婆满意，而是如何面对你们之间的矛盾。

要讲清楚如何面对你们之间的矛盾，首先就要明白矛盾的不同阶段。

矛盾总共有四种阶段：非对抗阶段、相对平衡阶段、对抗阶段、激化阶段。

非对抗阶段，就是一切矛盾都处于萌芽期。比如一个话题，你谈一句你的看法，我谈一句我的看法。这两种看法不相对立，只是有微小的差异，那么彼此之间属于和谐的阶段。

相对平衡阶段，就是两个人完美的同一性。比如在一个话题之中，你们两个产生了共鸣。

对抗阶段，就如同两个人谈某个话题，起了争辩。

激化阶段，就是争辩变成了你来我往的互相攻击。

只不过由于种种因素，大部分人都把矛盾粗暴地分成了两个阶段：对抗阶段、激化阶段。

这一方面，是受到电影、电视剧的影响；另一方面，又受到了当前激烈的竞争环境的影响。电影和电视剧，是由于艺术题材的限制，它必须省略非对抗阶段和相对平衡阶段，否则故事就讲不下去了。而当前激烈的竞争环境，则让人们普遍且习惯性地采取对抗的矛盾处理方式。

无论对抗也好，激化也罢，在社会环境中，常常是一种进步的力量。但把所有矛盾，都习惯性地采取这种解决方法，则很容易会出问题。

你只有一个老婆，她是你唯一朝夕相处、存在亲密关系的人。在这种关系之下，对抗和激化是不会产生好结果的。因为对抗和激化，是要分出胜负的。在不必朝夕相处的关系里，你赢了，可以拿走所有的筹码。因为你们的筹码，是属于外在的东西。可是，在朝夕相处的关系里，筹码就是你们的感情，无论输赢你都带不走，而且还会因为竞争而让筹码变得越来越少。

因此在家庭关系里，最重要的就是使用一切方法，不让矛盾发展到对抗阶段。更不用说到激化阶段了。

要做到这一点，首先要明白你的老婆为什么会和你产生矛盾？用一竿子到底的说法，她之所以和你产生矛盾，是因为你们有同一性。

用大白话来说，她之所以和你吵，是因为你是她的老公。如果有一天她不跟你争吵了，对你处处都满意了，那你最好就要小心些了。因为这个家，离散也就不远了。

想想看，这个世界上，谁会对你处处满意啊？答案是——路人。

因为路人和你没有同一性,所以就不会有矛盾发生。你好,我好,大家好。然后各不相干。

而同一性,必然意味着矛盾性。这是没办法的事。感情越好,越容易产生矛盾。听起来让人头大,但这就是事实。

对立统一,不只是哲学上空洞的概念,它贯彻了每个人生活的方方面面。

但问题的反面,则意味着这样一件事:越容易产生矛盾,就意味着有越多让感情变得更好的机会。只要你能多理解,多关怀,多听她说话。

但值得注意的是不要反驳,因为反驳就意味着把矛盾上升为对抗阶段。但也不能一味地迎合。没人愿意和这个世界上的另外一个自己说话,也没人愿意和一个复读机说话。要就着她的话题,说说你稍有不同的看法。要创造出差异,把天聊下去,并且要经常这么做。这就是让矛盾常常处于非对抗阶段。

这样,你们才能够更容易产生共鸣,才能让关系更快地恢复到相对平衡的阶段。

总之,要让她知道,你始终保持和她站在同一战线。这是你唯一的目的。

矛盾是永恒的,不满是永恒的。想一次性解决矛盾,想让她对你处处满意,那是给自己挖坑。你痛苦,她会更痛苦。因为当矛盾没有了,也就意味着彼此失去了关系。

最后,不要试图和你老婆讲道理,要学会说夫妻之间该说的话。

和老婆说话,重要的是你和你老婆的关系,不是你和具体事件的关系。其中的区别非常大。

和老婆说话，不是为了把道理说明白，大部分的话，都是为了说话才说的，为了缓和矛盾才说的，为了统一战线才说的——唯独不是为了说明道理的。

既然如此，那你讲道理，岂不是很傻？岂不是你越讲，她越气？

多哄哄，服个软，而且只在她面前服软，在别人面前却要据理力争。

要让你老婆感觉她和你的关系是绝对独特的，是可以例外的，是能够打破你的原则的。

这才是智慧的做法。

如何让对方开心

怎么哄老婆开心？这是个大问题。

男人身上有缺点，也有优点。缺点是大部分人有点坏毛病，比如抽烟、喝酒、打游戏等。还有就是容易出汗，导致有汗臭。简单来说，就是有点邋遢。

优点呢？则是很善于解决问题。比如窗帘坏了，能修能换；马桶堵了，能疏能通；买的桌椅板凳，可以直接就上手组装。

但是男人面对怎么哄老婆这么大的问题，却又普遍都束手无策。老婆柳眉倒竖，好一点的，抱头鼠窜；不好一点的，直接硬顶。男人们一辈子可能都想不明白，为什么女人心，就像海底针？

这篇文章，就是要讲清楚这个问题。毕竟，老婆开心一点，日子就会好过一点。

◆ **为什么男性很难理解女性？**

主要原因在于男性的直线思维。他们不会拐弯，不会想着有什么潜台词。

这导致了他们习惯把生活里遇到的一切，都用类似数学问题的方式去解决。

也就是说,无论是任何问题,在他们看来都只有一个唯一的解。甚至是有公式的,有序列逻辑的。先干什么,后干什么,然后事就这么成了。

节日到了,问题的解,就是给老婆买花,买礼物;老婆生理期了,问题的解,就是准备温水;生活没有新鲜感了,问题的解,就是安排一次旅行,给两个人一点新的体验。

这些都是教科书般的公式,但是当他们真正地用在自己的感情生活里,发现老婆还是会不高兴。他们会问:这到底是为什么啊?

为什么?原因很简单,因为他们不会多想一点。

他们总是不明白,温水也好,礼物也罢,乃至新鲜的旅行,这些做起来很难吗?——不难啊。简直太简单了。可是为什么,他们的老婆总是希望他们能准备这些呢?

◆ 女性的需求和男性的需求,是很不一样的

我们就以节日礼物这件事来说吧,男性认为只需要解决买什么礼物的问题。

但事实上,对女性来说,它包含着三个问题。

第一个问题,是"关注感"的问题。

关注,不是指表面上对于外貌和口头的关注,而是心里时时刻刻的关注。但这种关注,是需要证据的。而你所表达关注的证据,不是她告诉你,你才知道。而是记住她不经意间说出的一句话,或者能猜出她没有说出来的话。

例如,她说土耳其的日落很美,你没办法带她去土耳其看日落,但是周末的时候,你选了一家土耳其餐厅一起吃烤肉。

重要的不是哪个国家的日落,而是你把她的话记在了心里,并且表达出来了。

你们走在街上,路过一间花店,她说花真好看。你问她:"要不要去逛逛?"她说:"不了吧。"这个时候,就一起进去看一看,买上一束花送给她。记住,重要的不是这束花,而是你猜出了她的心意。如果她不喜欢,是会直接拒绝你的,而不是转头反问你。

至于纪念日就更不用说了,女人总是会因为男人记不住纪念日而生气,男人也总是不懂为什么一个日子就这么重要。现在懂了吧?重要的不是那个日子,而是她想感受到被关注的感觉。

很多时候,男人吐槽女人爱"作"。但这种"作"背后的本质,就是"关注"。

为什么"作"?其实就是她们感受到的关注不够,所以才会用这种方法,来引起对方的注意。

别老说是她无理取闹,可以反过来想想,她为什么不跟别人无理取闹呢?

第二个问题,是"安全感"的问题。

事实上,有了关注感,自然就有了安全感。

有句话说得好,女孩喜欢口袋里只有100块钱,但是愿意给她花99块钱的男孩。男性的单线程思维很难理解这一点,他们就是会武断地说,这是女人拜金,她们就是喜欢钱。

每次看到这种思维,我的脑袋就快要爆炸了。如果女孩喜欢钱,她为什么还要跟你这个穷光蛋在一起?为什么你只有100块钱的时候,给她花99块钱她会这么开心?

多动脑子,仔细想想。她不是喜欢钱,只是想知道自己在你心里有多重要。

事情的本质上,就是一个安全感的问题。

贵重的礼物之所以贵重,不是因为它值多少钱,而是你的心意值多少钱。

第三个问题,是"舒适感"的问题。

女人喜欢舒适的环境,舒适的着装,舒适的沟通。但男人更多的,喜欢的是"不舒适"。因为无论任何时候,男人都习惯于让自己处于竞争环境之下。

举一个很简单的例子:在路上开车时,女人是为了能安全地抵达目的地,但男人是为了超过前面所有的车。看上去很傻,但这就是事实。所以他们也会花大量的时间去玩游戏。

男人习惯了压力环境,就会忽视大部分女性是需要舒适感的。而节日的礼物——或者说整个节日本身,本质上就是一种当日不限量供应的舒适感。

事实上,不只是节日,在日常生活的方方面面,提供这种舒适感都是必要的。

在沟通上,注意不要说重话,不要总是说教,插科打诨、寓教于乐才是正解。平时感到家里气氛不好,又找不到任何原因的时候,很可能就是环境变得不舒适了。看看哪里脏了,什么东西坏了,门把手是不是又松了。把环境打扫干净,把自己收拾干净,把"舒适感"三个字牢牢地记在心里。

朝着这个问题解决,大概率就不会错。

◆ 问题的本质不是解决，而是情绪释放

即使关注感、安全感、舒适感你都做到了，最后可能还是会发现，老婆不但不开心，而且还在不停地吐槽自己。

这没什么大不了的。因为在每个人的人生里，都会遇见各种各样的问题。

和男性只想解决问题的直线思维不同，女性遇见问题的时候，至少有两个需求。

第一个需求，是倾诉。

第二个需求，才是解决问题。

和解决问题有一个"确定的完成时刻"不同，倾诉的需求是不会标志着完成时刻的，也没有什么逻辑可言，甚至有时候会表现成吐槽和埋怨。而在男人的世界里，根本不存在"倾诉"这个需求，所以他们总是难以理解为什么女人总是说个没完。

这几乎是任何一个家庭里的典型事件：女人遇见了问题——工作问题或者生活问题，选择向男人倾诉。男人提出了解决方案，但女人还是想要倾诉。这让男人认为自己的解决方案不对，于是压力陡增，并立刻提出了新的解决方案。这种压力又传递回到女人身上，对方就更想要倾诉了。接着男人不再认为是自己提供的解决方案有问题，而是女人出现了问题。

最后两个人便开始了争吵。女人吵情绪，男人吵逻辑，最后不欢而散。可女人提出问题的本质想法，根本就不是为了解决，而是情绪释放。

搞清楚了这一点你就会明白，在她倾诉的那一刻，问题是否得到解决根本就不重要。重要的是，她的情绪你在倾听，在呵护，在疏导。这才是最重要的。

◆ **相处要用心，更要用脑**

最后，在和对方相处的这件事上，不仅要用心，更要用脑。矛盾是永恒的，可拥抱也是永恒的。

还是那句话：老婆高兴一点，日子就好过一点。

最近常听人说"怕老婆真香"，而我却要说"理解老婆更香"。当你真的明白老婆在想什么，需要的是什么，然后用心地去经营这一切时，你就会发现：每当她的笑容多一些的时候，你的世界就灿烂一些。

生活明朗，万物可爱。

爱是一切的总和

◆ **世界上有无条件的爱吗？**

没有，从来都没有。很多时候，人们不是因为拥有才推崇，恰恰是因为无法拥有。缺什么，才想要什么，这是颠扑不破的真理。

爱是有条件的，有条件就有高下。有高下，就能对爱做出区分。

最愚蠢的爱，条件只有激情，即"上头"。我对你上头，所以我才爱你。但上头这个东西会凭空出现，也会凭空消失，一旦对你不"上头"了，便不爱你了。

同样愚蠢的爱，条件是有利可图。男人图女人的美貌，女人图男人的地位。只不过，美貌会消失，地位也不怎么稳固。等美貌消失了，地位没有了，也就不爱了。

稍好一些的爱，条件是一种结合。我对你有激情，对你有承诺，对你有亲密的喜欢，所以我爱你。激情没有了，还有承诺，承诺没有了，还有亲密。这种爱维持的时间就会长久一些，也是俗称的完满之爱。

更高级的爱，就是父母之爱。因为除了基因这一因素之外，还有时间的纽带、命运的纽带、责任的纽带，所以我爱你。

◆ 最高级的爱是怎样的?

世界上最高级的爱,是摒弃愚蠢之后,以上所有条件的结合。除此之外,还必须加上另外一个条件:真利他。

我记得有一次看《圆桌派》的时候,尹烨说过这样一句话:"这个世界上,只有人类发明了真利他。"

其他生物都是假利他。比如,细菌遇到了免疫系统,是一个一个地骗。前面的骗后面的,聪明的骗傻的。最傻的则冲到了前面,去和免疫系统对着干;比如蚂蚁,所有个体的蚂蚁都会为了族群的整体利益,毫不犹豫地选择牺牲自己。但这是一种动物性的利他,是基因就自带的。

人类则不一样,人类是有着某种真挚的情感存在的。这种真挚的情感,是我真的希望为你做些什么。不只是为我好,还要为你好,接着整个群体才能受益。由于脱离了基因的限制,所以,被称之为真利他。

看到孩童落水而奋不顾身救人的人,虽然两者之间没有基因的纽带,但在他们的意识深处,知道这样做是对的,这一类的行动是可以让整个群体的未来比现在好的。因此,他们可以不假思索地起而行动。又比如历史上一些英雄人物的牺牲,都是这种真利他的表现。

并且,最重要的是身处其中的人们,并没有认为这是一种牺牲。他们只认为这样做是对的,是不需要考虑的。这是一种了不起的智慧。这源自对个体生命短暂性,而他体生命长久性的深刻认知。

个体只有一个,他体是生生不息的。当个体的生命与他体连接在一起时,就有了永恒的可能。

在我看来，只有包含了以上所有条件的爱，才是最高级的爱，即没有物我之分的爱。

人生来残缺，唯爱能让人圆满。

在爱家人、爱子女、爱长辈、爱朋友、关怀他人，以及谈恋爱的过程中，我们可以不断地发展激情、承诺、亲密之爱、责任之爱、时间之爱、命运之爱、真利他之爱。但这是远远不够的。这些爱，还必须以某种形式结合在一起。这种结合，就是"爱你"。

这种爱是独有的，是只能向这个世界上唯一的、不可更改的爱人说出口的。这样的爱是所有关系的总和，因此，也是所有爱的总和。当一个人愿意发展这种爱的时候，事实上，他就是在练习最高级的爱。

在历经漫长时光的考验，仍旧愿意深切相拥的那一刻，就是内在圆满的那一刻。

我如此爱你，再别无所求。

证明爱情最好的方式，是学会感受

甜和苦都是主观感受，而非客观事实。可是，我们的生活却总是由感受所构建的。

当我们去一个陌生的城市旅行，即使是街边的一串冰糖葫芦，也会让人们体会到新鲜甘甜；当我们身处一个肮脏的环境，即使桌子上摆放着米其林厨师准备的食物，我们也会感到难以下咽。

人们认为自己是绝对理智的，但那只不过是理智给自己的错觉。

我们的显意识在思考，告诉我们："我就是全部，除我之外，没有其他。"这种根深蒂固的偏见，就好像我们总是认为自己的内心里充满了各种奇思妙想，而路上遇见的每一个陌生人内心里都是一片荒漠一样荒谬。

◆ 学会感受

在思考之前，我们会先感受，而我们的思考，只是用来解释自己的感受。这才是真相，才是我们认知这个世界的先后顺序。

直觉的感受告诉我们什么才是重要的，理智的思考则为我们分析它为什么重要。直觉的感受告诉我们应该做出怎样的判断，理智的思考则为我们寻找支撑这种判断的证据。

如果你怀疑这一点，不妨想想看那些站在理智高塔之上的科学家。他们之所以潜心钻研，并不是理智告诉他们应该潜心钻研，而是他们的感受首先让他们对真理与科学富有最饱满的激情——否则他们根本无法撑过那些枯燥乏味的分析与计算。

这就是感受的力量，也是为什么那些愿意把他人的感受放在第一位去考量的人，总是能够收获友谊、爱情、家庭，以及事业上的成功。

有人天生就能做到这一点，但那些声称理智至上的人却为自己砌上了一道难以逾越的高墙——他们甚至忘记了，他们之所以认为理智至上，只是因为他们对理智充满热爱。

如果有人能够体谅他们的感受，同样认可这种"对理智的热爱"，那么他们就会感到由衷的喜悦，并将眼前这个人引为知己。眼前这个人说出来的话，会被加上一层"愉悦"的滤镜。

接着，他们的理智会解释这种愉悦：这个人是富有逻辑的、智慧的、可信赖的。

然而，他们却总是会忘记，做出这种解释的前提，是愉悦的感受存在过。

◆ 爱的力量最能带来正面感受

很多人误解了爱，认为爱是语言，是行动，是为对方做点什么——但这些只是爱的结果，而非爱的开始。

爱的开始，是不等待他人开口，就用直觉感知到他人的需求，并立刻不遗余力地伸出援手。因为爱的最初状态，是始于父母对孩子的爱。

如果这个世界上的爱,总是等待表达之后再被满足,那么没有任何一个人可以健康地长大。

我们每个人都曾是孩子。每一个孩子,最初都无法将自己的需求诉诸语言和行动。而这些能力,都是在成长中才能学到的。但最开始,我们只能够用自己的表情表达正面或负面的感受——可惜,后来我们都学会了隐藏自己的表情。

只不过,隐藏并不等于不存在。它们藏在语气里,藏在眼神的变化里,藏在理智外衣之下的一系列行动里。

我们当然能够感受到自己的需求,但只要我们愿意观察,认真地倾听,完全地接纳,同样也能够感受到他人的需求。因为感受是我们从出生的时候就拥有的本能。观察、倾听、接纳,就能够唤醒这种本能。然后在细心的观察中,发现我们爱的人的需求,在对方没有开口之前,就伸出援助之手。

不要等待你珍视的人和你开口——至少不要总是等待对方开口。

学会感受是爱的开始,也是爱的证明。

主动给的糖很甜,是因为感受到从出生那一刻起就根植在我们记忆中的爱很甜。

索求来的蜜很苦,是因为感受到从所有记忆中所体会到的卑微和委屈很苦。

懂得表达情绪，是感情长久的秘诀

两个人想要长久地在一起，最重要的一件事是什么？

在我看来，并不是共同的爱好、优渥的生活条件，抑或某种匹配的性格，而是懂得表达情绪。

人们的爱好会改变，生活条件并不如人们想象中那样稳固，即使我们给性格贴上任何一种新鲜的标签，都不能真的概括一个人的复杂性。

但学会表达情绪，对每个人来说都是重要的。因为情绪无处不在，无时不在。它是我们生活中最重要的底色。

◆ 情绪背后的欲望

表达情绪，意味着认可我们内心之中的欲望。而任何一种情绪的出现，都源自某种欲望。

情绪会让我们做好生理上的准备，以便更好地体验或者追求满足欲望。譬如，当我们因为受到欺负而愤怒，这个时候的愤怒表现，是为了想要满足得到尊重的欲望；抑或当我们因为饥饿而焦虑，这个时候的焦虑情绪，也是为了想要满足得到食物的欲望。

正面情绪则与体验相关。譬如,在得到尊重之后,我们会感到快乐;在进食过程中,我们倍感愉悦。这些正面情绪,带给了我们同样正面的记忆。而正面的记忆,则带来了下一次体验的动机——如果吃到糖,你并没有感受到快乐,那么在生活里没有糖的时候,你就不会想要追求糖了。

每一种情绪对我们都是有益的。因为情绪背后的欲望,总是出于一种想要让我们自身生活变得更好的动机。因此,面对任何一种情绪,我们首先要认可情绪背后的动机,不再抗拒情绪,其次试着倾听它为我们带来的启示,看清情绪背后是出于怎样的欲望。

这就是情绪的作用——让我们看到欲望。

而看到了欲望,也就看到了目标。这让我们可以迅速地在混乱的生活里,分辨出什么才是重要的,并将自己有限的精力放在重要的事物上。毕竟,如果我们失去了这种分辨轻重缓急的能力,那么生活的复杂性将会在瞬间将我们淹没。

那么,看到欲望在亲密关系中意味着什么?答案是:要学会表达自己的情绪,而非情绪化的表达。

譬如,当我们在相处之中感到愤怒的时候,我们首先要做的,就是倾听愤怒所带给我们的启示。我们是为了追求什么?是尊重、公平,还是爱人的关注?

不同的人有不同的追求,相同的人在不同的情境下也有不同的追求。情绪并不能直接告诉我们答案,但它是一个让我们搜寻答案的重要信号。

当能够判断出我们感到愤怒是因为想要得到尊重时,那么我们就可以在情绪的指引下,设定一个目标:我想要得到尊重。

而正确地表达情绪，就是采取一系列真正能够让我们达成目标的行动。

◆ 情绪的意义

每一种情绪都代表着一种默认行动。

譬如，当我们处在愤怒的状态下，血液会加速，呼吸会急促，注意力会变得狭窄。这些生理变化都是在为某种活动做准备。在缺少训练的情况下，人们普遍会将这种生理变化认知为"战斗或者逃跑"。

原因很简单，这两种反应是我们成长过程中最常见的反应。我们或许不会与人拳脚相向，但我们会选择进行语言上的攻击；我们或许不会拔腿就跑，但我们会选择冷漠不言；当我们感到焦灼的时候，我们会困在原地，不知所措；当我们感到悲伤的时候，则常常会选择落泪。

默认行动是一种情绪的认知框架，在这种认知框架之下，我们就像武断地对待他人的倾诉一样，武断地判断自己的欲求。

想想看，当有人希望和你聊聊他对自己宠物去世的感受，可第一句话刚说出口，你就立刻判断说："你应该去散散心，或者买一只新宠物，这样你的心情就会立刻变好。"

你在做的，就是使用自己的认知框架去解释对方的行动：你因为失去宠物而难过，所以你需要快乐——出门散心或者买新宠物可以帮助你得到快乐。

但事实上，你很可能错误地判断了他的欲求。也许更可能的情况是，他只是想要把自己心里的难过说出口，希望你能够当一个好的听众。

同样的道理,当你在情绪来临的时候,立刻选择自己的默认行动,并不是尊重情绪的表现。你只是为了省时省力,直接采用你的认知框架,即:愤怒就意味着战斗,焦灼就意味着团团打转,悲伤就意味着放声痛哭。

要学会慢下来,学会不立刻就对自己的情绪进行判断。深呼吸,问自己:此时此刻的情绪,是为了怎样的目标而存在?它在指引你追求什么?

这才是情绪的意义。

◆ 争吵和矛盾背后的欲求

在两个人相处的过程中,我们难免会遇到愤怒的时刻,也难免会为了一些鸡毛蒜皮的小事而争吵。

这些愤怒和争吵的背后,一定有着某种未被发现的欲求——我们都知道,亲密关系的目标,肯定不是为了打败对方,而是两个人在一起应对人生的种种挑战,并把生活经营得尽可能舒适、幸福。

愤怒的刺激因素,也许是因为生活拮据。但这背后的本质,一定是出自想要让生活变得更富足的欲望。

在这里,愤怒的表达是彼此责怪。而正确地表达愤怒,则是在看清楚愤怒背后的欲望之后,选择那些更能够达成目标的行动。

当目标在心中出现的那一刻,你会立刻发现,责怪对方无助于目标的完成。但彼此理解、相互扶持,即使现在不能达成,也终归会距离目标更近一些。

爱情需要新鲜感

你对另一半的兴趣是从什么时候开始减弱，乃至消失不见的？我想，大概是失去新鲜感的那一天。

曾经陆陆续续收到很多读者的来信，这些是最令我印象深刻的问题——

"现在和她在一起的时候，很难再找到当初一起牵手散步的激情。那时候，两个人即使什么都没做，可体验到的快乐，却比什么都做了要多。"

"我知道他洗菜的时候，一定会絮絮叨叨昨天的财经新闻，亲我的时候，胡楂会刮疼我的左脸。每个周末我们都会形式般地亲密，不知道为什么，每到了那一天，自己的压力就会很大。"

有一天，我和一位读者聊天，他在最后问了我一个问题："虽然明明知道内心里对其他异性有想法是不好的，但每个月总有那么几天会动些别的心思。一辈子只和一个人在一起，不觉得无聊吗？"

回答这个问题并不容易。要知道，无聊是一种心理状态。在这种状态之中，其实并不只是我们的爱人让自己失去兴趣，一切我们熟悉的事物，都有变得"无聊"的风险。

其中最重要的原因，在于新鲜感的缺失。

◆ 缺失的新鲜感，怎么找回来？

新鲜感是通过"预期"来发挥作用的。

其中既有打破常规所带来的预期，也有尚未得到的，但想象自己得到之后所带来的预期。

比如，当我们在网络上看到了一道创意菜，把娃娃菜和坚果创造性地组合在了一起，这种从未料想到的创意刺激了你的神经，让你迫切地想要去体验一番。

做出决定，以及抵达目的地的过程，是我们最喜悦的阶段。因为这个时候，我们的心中满是预期。只不过一旦我们坐下来，把这道坚果娃娃菜送到嘴巴里时，我们就会发现自己的兴奋感会大大地消退。反之，如果我们喜欢吃醋熘土豆丝，并且经常吃，即使在进食之前没有这种新鲜感的喜悦加持，但在吃到它的那一瞬间，我们也不会感到枯燥乏味。

这意味着我们常以为重复体验不如新体验那么有趣，但实际体验过后的感受差异并不显著。这本身不是问题，问题在于我们总是为"预期"付出了不菲的代价。

我们会认为陌生的身体能够带给自己更大的快感。但实际上这往往是大脑欺骗我们的错觉。为了促使我们行动，它有很多阴谋诡计，而虚假承诺就是最常用的一种。

这是一个新鲜感泛滥的时代。无论是店铺的装修、特别的音乐、令人称奇的电影，抑或从未有人开发过的旅行地，都在不断地让大家体验到新鲜的感觉。因为在环境的压力下，我们都需要通过一种无法预料到的方式来刺激我们，去满足我们的预期。

情感也是同理，我们对新鲜感的需求从来不会消失。一些人想要生理上新鲜感的满足，但这种满足必须采用一种"打破他们预期"

的方式。如果无法满足预期之外的需求，最简单也最快捷的方式，就是和一个陌生人发生关系，走向"出轨"那条路。

◆ 长久的爱情，天然不具备新鲜感的条件

在我们的生命中，有太多东西不断地在给我们新鲜感了。但长久的爱情，天然地不具备新鲜感的条件。因此，这一存在，必然意味着另外一种更为重要的价值。

这种价值到底是什么呢？如果你有长时间专注做某件事的经历——比如，阅读一本晦涩难懂的巨著，你的感受会有如下阶段性变化：开始的时候是痛苦，你克制了无数次想要抛开这本书的念头，耐着性子读了半个小时。然后神奇的事情发生了，你将不再感到痛苦，同时一种内心的安稳也开始升腾。虽然那些文字仍旧是晦涩的，可你只需要稍微努力一下，就可以坚持下去。你甚至在其中得到了某种难以言喻的快乐。

这和口水故事带来的转瞬即逝的愉悦感不同。即使你放下了这本书，它仍旧可以伴随你数个小时或是一整天，乃至更久的时光。

可阅读这种晦涩难懂的巨著，和口水故事到底有什么不同？

答案在于我们头脑中主导的神经递质的不同。前者由内啡肽主导，而后者由多巴胺主导。如果说多巴胺是短暂的兴奋、渴望，那么内啡肽就是长久的镇定、喜悦。而使身体产生内啡肽的有效途径，就是长时间、连续性地做一件"低多巴胺分泌"的活动。即看上去有些枯燥乏味的事。这些事可动可静。

因此，有些人把迷恋于冥想、静坐、瑜伽等修行者，也叫作内啡肽体验者。其他诸如站桩、吐纳、诵经、下棋、书法等，都可以产生相同的效果。

内啡肽还是多巴胺的"杠杆"。当你身体的内啡肽开始产生作用的时候，只要少量的多巴胺，就可以带给你足够的快乐和动力。这就是为什么当我们可以专注于做一件事的时候——比如跑步，开始的时候，需要很大的动力才能够坚持下去。但一旦突破了某个"临界点"，就会越跑越轻松，越跑越快乐。这是内啡肽和多巴胺结合的结果。

当然，这一切的前提，是"经受一段枯燥乏味的时间"。

◆ 寻找爱的新鲜感

这一点在亲密关系中同样如此。当两个人在一起的时间足够久，刚刚开始恋爱的多巴胺就会褪去，彼此会进入到磨合期。在这段时间内，争吵会越来越多，彼此会越来越痛苦。但只要熬过去，两个人在一起的时候，内啡肽就会开始分泌。镇定、平静，会成为两个人生活的主旋律。

虽然争吵是避免不了的，但它的"质地"不会变得更沉重，如同跑步到最后，疲惫也是必然的，但这种疲惫已经变得可以轻松地接受。

并且，只要生活中一点点的"新鲜感"，就可以让两个人都享受到更多的快乐。无论是平静的午后，忽然想出门一起喝杯咖啡，还是看一场电影，抑或一起旅行。在内啡肽的作用下，快乐会被放大许多倍。

事实上，一辈子只和一个人在一起，并不会变得无聊，反而会放大快乐。只不过这种快乐，和这个世界上的所有快乐一样，都需要付出足够的代价。而这种代价，就是度过一大段似乎除了争吵、分手之外，没有其他任何方式可以解决两个人的矛盾的时间。那些所谓的"七年之痒"，道理同样如此。

爱情有甜有苦，需要磨合，也需要经营。但只要相互支撑，共同寻找两人之间的"新鲜感"，度过临界点，便可以白头偕老，共度余生。

等待太久，未必长久

这个故事来自一位读者，在这里就叫她思颖吧。

思颖在大学里认识了一个男生，他叫明远。明远是很厉害的学霸，他总是能够回答出许多问题，甚至包括那些在思颖看来像"天书"一样的难题。在学校的时候，思颖就很崇拜明远——那也是他们两个人关系的开始。

和很多对爱情有向往的女孩一样，当确定恋爱关系之后，思颖很早就开始憧憬着两个人将来的生活。

她对明远说："毕业之后，我们两个人就结婚吧？"

明远说："最好还是先等等。我也很想和你结婚，但我觉得婚姻这么重大的事，还是要理智一些。我的想法是等到毕业，我找到了工作，等生活稳定下来，那个时候再结婚会好一点。毕竟我要对你的未来负责任。"

思颖被最后那句"负责任"所打动。那会儿她天真地想：明远真的是在为他们两个人的未来考虑。

很快，他们毕业了。但明远并没有如愿以偿——到他一直很向往的城市做设计工作。他尝试了半年，也失业了半年。

阴错阳差之下，明远在上海做着一份和外贸相关的工作。

思颖又问明远："什么时候可以结婚呢？"

明远说："等我赚到一点钱吧。"

明远很聪明，那几年外贸行业也很赚钱。不到 30 岁的时候，明远就在上海付了首付，买了一套小房子。

思颖仍旧开始憧憬他们的婚姻，她又问："我俩什么时候可以结婚呢？"

"这么小的房子，结婚哪够啊？等我们两个结了婚，是不是得要小孩？孩子睡哪儿？你爸妈要是来了，看到你和我挤在这么小的房子里，他们也不放心吧？"

此时，不知道为什么，思颖看着明远挥舞的手、紧皱的眉头、不耐烦的语气，她才明白，明远是不想和自己结婚的。

于是思颖问："你是不是不想和我结婚？"

"我没有。"

"我问了你无数次了。"

"我跟你说了我没有！你要是对我不满意，就趁现在还没嫁，再换个人。别耽误了你。"他把"耽误"那两个字说得很重，像是某种讽刺。然后回到房间里，砰的一声关上了门。

那次之后，思颖和明远又吵了很多次架，接着是冷战。再然后，思颖受不了那种几乎要窒息的冷漠，就回到了爸爸妈妈的家里。

她等了一周，两周，再到三周，明远都没有联系自己。

失去联系的一个月之后，思颖终于忍不住给明远发了信息。她问明远是不是真的喜欢自己，如果不能结婚的话，那么就不要再继续这样互相耽误下去了。

但思颖没有想到，她等来的答案，并不是她想象中的奋不顾身，而是一句:"好,听你的。"

思颖的心像掉进了冰窖里,一阵一阵地痛。她在屏幕上敲打出几个字:"那就分手吧。"

分手的痛,让思颖很是难熬。

但让思颖最不解的是,一年之后,她忽然得知了明远订婚的消息。她很确定,明远并没有出轨。她只是不理解,他和那个女孩明明只认识了半年时间。思颖想不明白:为什么两个人这么长时间的相处,难道真的抵不过半年时间的新人吗?

这样的问题,不必用所谓的"理智"来回答。

我们只需要明白一件事,就足以解答内心的疑惑,就是:让你等太久的人,最后都不会选择你。如果非要在这个问题里得到一个答案的话,那么其背后的本质,就是"习惯"。

习惯是一种现状,而改变任何一种现状,都是需要勇气的,尤其是当两个人的工作生活发生了某种本质性改变的时刻。这种本质性的改变,包括从一个熟悉的城市,来到完全陌生的城市生活;包括涉足一个自己完全不知晓的工作领域;还包括让自己的人生进入到一段新的、完全不同以往状态的关系里。而从相恋到婚姻,意味着完全不同的责任。

相对于变化,人们更喜欢不变。因为只有不变,才能够帮助我们节省能量——这也是"懒惰""纠结""不知所措的等待"的本质原因。除非有足够的勇气,或者某种强大的外力,否则我们总是想要停留在原地。

这就是为什么分手是一件痛苦而又困难的事——因为分手会打破两个人之间相处的习惯。这也就是为什么让你等太久的人,总是不会选择你——因为等待了越久，就会越习惯两个人之间的现状。再加上没有任何承诺的关系本身也是"节省"的。它让我们节省责任，节省付出，节省金钱。通俗点来说，节省由进入到下一段对彼此的人生来说更为重要的关系所带来的，必然是需要在对方身上花费的时间与精力。也就是说，两个人最容易结婚的时间，总是这段关系的"甜蜜期"。短则3~5个月，最长也不过3年。事实上，两年往往就是极限了。

在这段时间里，你们为彼此提供了足够的新鲜感。这种新鲜感带来了你们探索彼此身体、情绪、过往的欲望，而欲望又促使着你们迫切地想要永远参与彼此的未来。但等过了这段时间，新鲜感就会消退，也意味着欲望的消退。你们会变得无比熟悉。

喜欢熟悉、安全感的人，会渴望加深彼此在一起的联结；而喜欢新鲜、刺激的人，则往往会失去长久在一起的动力。

那么，怎样的人会让你等很久呢？我们很难确定。但至少，喜欢熟悉和安全感的人，总是渴望彼此在一起的时间更多；而喜欢新鲜、刺激的人，总是会想象下一个会不会更好。

好的爱情，需要坚持和专注

有个读者对我说——

> 我遇见了一个看上去很好的男生。家庭条件不错，人长得也很有型，还经常主动和我聊天。原本以为两个人可以相处着看看，但是又有些困扰，就是对方经常不回我的信息。上午发过去，可能到了晚上才回复。
>
> 上次约了时间见面吃饭，但那几天这个人就消失了。后来他还是会和我聊天，但我总觉得哪里不对。我想放弃，又有点不舍。
>
> 所以，怎样才能够判断一个人爱不爱自己，这段感情是否值得投入呢？

◆ 如何辨别一个人爱不爱你？

其实，问题的答案只有一个：兴趣。

很多人都懂得这个词语，可是兴趣到底是什么？

兴趣的定义，指对某人或某事感兴趣的特点，就是增强自己的投入。最明显的表现是坚持和专注。

换句话来说,如果我们想知道一个人是否对自己感兴趣,最直接的方法,就是观察其对自己坚持和专注的程度。而答案的肯定或者否定,就直接代表了兴趣的有无。

除此之外,我们还必须搞清楚事情的本末。明白兴趣到底源自什么,能够怎样强化?

当谈及达尔文的"奇怪的逻辑倒置"之时,哲学家丹尼尔·丹内特强调了这个问题:是什么使某事变得有趣。

他提出了一个反直觉的主张,重构了我们对兴趣和投入的思考方式。丹内特的主张是:与常识所暗示的相反。比如,我们并不是因为蜂蜜甜美所以喜欢它。相反,正是因为我们喜欢它,蜂蜜才是甜的。葡萄糖含量让蜂蜜变得重要,可再怎么检查葡萄糖分子你也不会得知它为什么是甜的。然而,进化的历史已经证明,找到能提供葡萄糖的食物来源对人类祖先来说非常重要。那么,当我们找到了一个好的来源时,我们就会把这个来源的味道和快乐结合起来,以此来强化它的重要功能 —— 使得人类存活。最终,这种"蜂蜜似的味道"转化为对甜味的偏好。

因此,进化的力量推动我们感受到甜味带来的快感 —— 享受葡萄糖分子在舌尖的感觉,以此来保证只要我们找到蜂蜜,我们就能享用它。

◆ 兴趣的"本末"是什么?

究竟是因为我们在一个人身上投入了更多的专注与坚持,才为我们带来了兴趣,还是因为兴趣,所以我们投入了更多的专注与坚持?

首先我们要明白，兴趣并不是"动机"，动机只不过是引发兴趣的前提条件。

两个人在一起最初的"动机"，或许是对方姣好的容貌、出众的身材、优越的财富、较高的社会地位，以及温和的性格，等等。

但真正让我们爱上对方的，是接下来彼此是否能够有时间相处和了解，对彼此是否专注与投入。

毕竟，这个世界上优秀的人有很多，我们不可能全部都爱上。我们起初可能会向往与对方在一起，但那毕竟只是动机。因此，我们可以说，兴趣本身来自我们对一个人所投入的专注和坚持。我们投入得越多，也就越会感兴趣。反之，我们投入得越少，兴趣就会变得越低。

举个健身的例子就更容易理解了。没有人会在一开始的时候就喜欢锻炼。我们锻炼的动机是想要获得健康的身体，但锻炼是个麻烦事。我们需要学习，掌握发力的技巧，否则肌肉会撕裂，身体会疼痛。但随着时间的推移，我们投入的专注与坚持会越来越多，对健身也会越来越有兴趣，想要知道越来越多关于健身的知识。甚至一天不锻炼，就觉得哪里不舒服。

可以说，是专注和坚持产生了兴趣。

它是爱情唯一的货币，唯一的价值衡量。它看不见，摸不着，却决定了一切。

兴趣是最好的态度，也决定着你在与他人相处中体验到的细节。

显而易见的，如果你感到某个人对你有好感，并且条件也不错，可是你发出的信息总是无法收到回复，甚至这个人会忽然消失不见，那对方对你必然是不感兴趣的。或许他也有动机，但动机毕竟是廉价的——我们可以对很多人、很多事抱有动机。但时间是有限的，我们只能对有限的人、有限的事产生兴趣。

如果在最开始的时候，没有专注和坚持下去，那么即使在一起了，产生持续性专注和坚持的概率也不会很高。并且还会带来这样糟糕的暗示：原来即使不必专注和坚持，也是能够收获爱情的。

想想看，这样错误的逻辑关系一旦在一个人心中确立，接下来在爱情里会发生什么？

怎样经营亲密关系

前不久和朋友聊天，说起如今生育率越来越低的问题。在当前的时代背景之下，亲密关系会不会不再重要？毕竟，当许多人没有了结婚生子的愿望，似乎也就失去经营一段亲密关系的冲动了。

◆ 亲密关系为何不可替代？

如同养育子女不只是为了养老一样，人们也能够从这个过程中，体验到生命的真谛。人们从亲密关系里获得的价值，远远地超过了市场经济所能够提供的那些用钱买到的价值。

其中最重要的，就是情绪价值——即使很多东西都被金钱化了，可亲密关系中的情绪价值，仍然是金钱无法购买的。因为金钱只可以购买那些能够衡量的价值。可我们应该怎样衡量情绪价值呢？每天笑多少次？还是每天被理解或被倾听多少次？

因此我们发现，一旦情绪价值可以被购买，就立刻失去了它该有的深度，只剩下短暂的快感了。

一夜情可以提供这种快感，任何被金钱化的东西也可以提供这种快感。但在快感结束之后，我们将面对巨大的空虚感。

如同我们在每一次购物之后，会在几分钟、几小时，甚至几天之内都感到高兴。可是这种兴奋感很快就会消退。我们迫切地想要重新体验购物带来的快感，但如果立刻重复上一次的购买行为，必然不会带来同等量的快乐。

被金钱化的事物，刺激的是我们的多巴胺系统。这个系统总是遵循着回报递减定律——也就是同等量的刺激，但它无法带来同等量的结果。除非我们加大刺激的剂量。

◆ 亲密关系利于改变自我

经营亲密关系带来的满足感，和任何一种短暂的快感都不同，它带来的是一种深刻的满足。

这种满足感和所有让自己长时间投入到某种活动中带来的感觉是一致的。譬如类似长跑、打坐、阅读等需要长时间投入的事。刚开始总是伴随着一些痛苦与不适，但熬过那个阶段，就会涌现出一种深刻的满足感。这种满足感能够真正地平衡生活中的痛苦，带来内心的救赎。也意味着我们能真正地感受到生命的充实、希望、平静、喜悦，而非多巴胺所带来的稍纵即逝的虚假幻想。

亲密关系是一条救赎之路，是在一段长期的相处之中，看见自我的重要方式。

因为"自我"在只有"自己"存在的时候，是不可见的。正如山本耀司所说："自己只有撞上一些别的什么，反弹回来，才会了解自己。"

我们和一个陌生人短暂地相处，能很容易地伪装出一个完美、理想的自我，但那不是真实的自我。因为我们无法接纳自己的不完美。但我们会惊讶地发现，我们是如此难以在亲密关系之中控制自己的情绪，我们如此缺乏对熟悉之人的耐心，我们也不像自己想象中那样能够真正地理解他人。但无论这种发现有多么痛苦,都是一件好事。

看见是改变的开始。在人生道路上,只有看见,才能够设法改变。

我们可以练习如何与自己的情绪共处,如何更有耐心地倾听、付出,以及如何真正地理解除了自己之外的人。

在这个过程中,我们内心中真正的自我,才能够逐渐地浮现。

这就是亲密关系所赋予一个人的意义。也是这个世界上所有爱情故事表达的共同主题:只有彼此结合,我们才能变得更完整。

◆ **舒服的亲密关系有哪些?**

许多人都听过,在相处中"独立又亲密"是最好的状态。亲密是一种融洽的感受,可什么又是独立呢?

所谓独立,就是依赖程度相当。而依赖程度相当,是指彼此离开对方之后,承受的损失是大体一致的。

假设 A 离开了 B,A 就无法生存下去,而 B 则恰恰相反。那就说明了两个人承受的损失并不一致。A 的损失更大,因为 A 会无法生存。因此,在这段关系里,A 更依赖 B,这也直接导致 B 会成为更有权力的一方。

损失大体一致,并不意味着经济能力差一些的会损失更少,抑或感情付出更多的人会失去更多。而是彼此能够智慧地只依赖和对方损失大体一致的部分。

这种恰到好处的依赖,能够让两人之间的权力关系得到宝贵的平衡。并在平衡中,获得互相尊重的舒适。

◆ 如何经营亲密关系？

正确表达爱意

在"如何正确表达爱意"这个问题上，男性和女性的需求是截然不同的。

男性更希望感受到的爱意，是任务型、功能型的，比如洗车、刷碗，或是帮助他完成一项工作。女性更希望感受到的爱意，是情感型、非任务型的，比如真诚地表达"我爱你"。

男女都更喜欢用自己的方式表达爱，但这往往会造成误解。最舒服的男女关系，是彼此都能学会用对方喜欢的方式来表达爱意。

少反驳，多认可

每个人都拥有维护自身观点的倾向。

如果我们不能活在一种确定性中，那么必然就会对未来产生恐慌。而恐慌会消耗一个人的能量，不利于生存与繁衍。人们之所以会焦虑，同样是感受到了未知。这个时候，人们就会增加自己寻求确定性的动力。比如做出解释、谋求信仰、表达观点。这样做绝对不是为了让别人反驳自己，而是为了得到认可，重新拥有确定性。反驳只会导致不确定的恐慌，而恐慌则会导致愤怒，再次进入消耗自己的循环之中。

因此，人们总是愿意和能够接纳自己的人在一起。而由反驳带来的轻蔑和愤怒情绪，会伤害两个人之间的关系。

所以，最舒服的男女关系，会在相处时少反驳，多认可。

为兴奋感消退后的感情，做好心理准备

两个人刚刚在一起的时候，会由于对方身上"陌生的特质"经常出乎自己的意料，而带来某种新鲜感并感到好奇。这种新鲜感是爱情兴奋感的来源。但新鲜感总会消退，彼此逐步会变得熟悉，兴奋感也会慢慢消失。

不幸福的人，认为兴奋感的自然消退是对方的一种剥夺，于是总会在生活里有意无意地埋怨。

换言之，去旅行的人，在同一个地方待久了，同样也会感到新鲜感消退，但他们并不会埋怨旅行的地方。生活在旅游城市的人，早已对自己的城市没有了新鲜感，但他们仍然平静地生活在那里。而他们平静的生活状态和环境，也许又是别人所向往的。

人们其实只有两种选择，要么不断地更换旅行的目的地，要么找个地方停下来。

这两种选择都没有不好，但更重要的是，要明白在得到一些东西的时候，必然也会失去一些东西，只要能承受失去的代价就好。

设法平衡对抗和接纳

想要获得人生的成功，无论是财富、更融洽的人际关系，还是更高的社会地位，都要做到对身边的人接纳。尤其在亲密关系中，更要做到对我们所爱之人的接纳。

接纳意味着温柔地倾听、微笑、关心，以及最基本的关注。不只是接纳对方的优点，还包括那些我们认为是缺点的部分。

如果不在亲密关系之中接纳对方，就必然会带来对抗，而对抗会极大地消耗一个人的精力。

对抗和接纳需要平衡。面对外部世界，我们需要一定程度的对抗。但面对内部世界，我们需要的是接纳。

事实上，如果我们无法在内部世界做到接纳，是没办法用最好的状态,去应对外部世界的挑战的。

如果说对抗是能量的输出,那么接纳就意味着能量的输入。

想想看,如果我们在独处的时候,内心不断地对自己的言行进行攻击,我们是否很快就会筋疲力尽,无论做什么都缺乏兴趣?这就是和自己进行对抗的结果。

当我们走入一段亲密关系的时候,大脑的认知系统,会失去对"你我"的认知,而是更倾向于将对方当成自己的一部分。

如果我们在这个世界里,大部分时间都处于对抗状态,就如同我们对自我的攻击,那么我们根本就没有办法输入足够的精力,去应对外部世界的挑战。并且,在亲密关系之中选择对抗,必然会强化对抗的恶性循环。

回顾历史,人类的生存取决于适应社会环境的能力,我们必须学会理解他人,并找到建立联系的方法。而情绪同步恰恰有助于促进彼此之间的联系。因此,人类和其他灵长类动物都成了天然的模仿者。

聊天的同伴,谈话节奏会趋于一致;婴儿张嘴时,母亲也会张开嘴;人们会模仿微笑,会模仿痛苦、爱意、尴尬、不舒服和厌恶的表情,就连笑声也会相互传染。

这就是为什么电视上播放的喜剧会设置笑声音轨。同样的笑话,如果现场观众有反应,电视机前的观众也会觉得更好笑。但如果没有笑声音轨,看电视的人也会觉得很无聊。

绝大多数的模仿都并非有意识的行为,而是来自大脑的无意识反应。并且,模仿反应的时间是极为短暂的,有意识的想法根本不可能介入。

针对参与社会互动的大学生所做的研究表明,他们有时会在21

毫秒内做到让自己的面部和身体动作与他人同步。这种闪电般的同步只可能来自我们意识之外的大脑皮层下结构。

这带来了一个很重要的启示：身边的世界会如何回应我们，往往取决于我们如何对待身边的世界。

每当我们选择对抗的时候，就会收获对抗。

每当我们选择接纳的时候，则会收获接纳。

因此，至少在亲密关系之中，让自己时时刻刻都练习接纳。这是我们应对外部世界挑战的基石。

◆ 幸福程度是由自己决定的

我们从来不应该期望，引领两个人步入婚姻殿堂的幸福感会无限地延续下去。

米勒在《亲密关系》中，这样写道：

> 一项出色的研究，追踪了荷兰5500多名年轻人十八年，结果发现他们开始约会、选择同居和步入婚姻，都与幸福的显著增加有关。但这些人的快乐在几年之后就会减少，十四年之后，就并不比他们遇到爱人之前更幸福。
>
> 另一项在德国的研究更令人吃惊，研究者追踪了3万多人长达十八年，也发现步入婚姻能让人更幸福，但只能维持一段时间。两年之后，婚姻的快乐大部分都会减少，配偶们通常来看，只与他们结婚之前一样幸福。

答案呼之欲出——找到我们生命中的真爱，并不能让我们永远幸福。

幸福的程度,短期来看也许是由外物决定的,但长期来看,却是由自己决定的。

最舒服的男女关系状态,是能够洞察到这一点,然后不苛求他人,转而努力做更好的自己。因为他们知道人生很长,幸福永远都只能由自己决定。他们明白了亲密关系的真相后,仍然珍惜他们的关系。

对生活的热爱,才能带来热爱的生活。

幸福的人,在任何时候都能够感受到幸福,因为他们热爱自己世界里的一切。

婚姻是一道难解的题

之前听一位朋友聊起自己的婚姻,他说自己好像很难再对眼前的女人着迷了。虽然知道自己是爱对方的,却很难克制自己在其表达价值观时的厌恶与轻蔑。

婚姻真的是一道难解的题,他心里无数次想过离婚,也许一个人生活会更舒适一些,少了那些无谓的争执,也不会有什么鸡毛蒜皮的烦恼。

◆ 婚姻还可以长久吗?

这个时代的离婚率越来越高了。但如果看不到数字,我们可能很难理解离婚率高到了什么程度。

2020年,据"中国婚姻家庭"调查报告记录,全国平均离婚率为39.33%。而结婚率从2013年的9.9%下降到了5.4%。但更夸张的是,"90后"的离婚率,高达56.7%。

不只是中国如此,英国国家统计局最新公布的一组人口普查数据显示,在英国,近一半的婚姻以离婚而告终。离婚率和中国差不多,预估为42%。

近一半是什么概念？这么说吧，和赌博差不多。

我们常常幻想，婚姻就是爱情的终点，但当我们真正步入这段婚姻的岁月后，往往才会发现，维系婚姻比我们想象的要困难得多。最初那份爱情的甜蜜，在婚姻面前变得微不足道。

◆ 稳定的婚姻，到底需要什么？

婚姻稳定最重要的一个因素，是彼此的价值观趋同。

什么是价值观？简单来说就是你认为什么才是最重要的。也是你在遇到矛盾状况时，如何进行选择的依据。

"想要好好地守护家庭"这种单纯的口号和愿望，并不是价值观。当你获得一个外出工作的机会，每年赚取的收入是现在的十倍，但付出的代价是三年不可以回家。这种时候，你是选择陪伴家人，还是工作机会？——这才是价值观。

生活永远都是有矛盾的。最普遍的矛盾，就是我们想要的很多，资源却有限；我们可以做的事情很多，但时间有限。当无法进行兼顾的时候，只有价值观能够指引一个人前行。换句话说就是，在任何人的世界里，价值观才是决定性的东西。

当一个人功成名就，有了无数婚外情的可能性的时候，让其依然选择对家庭尽忠的，并不是意志力，而是价值观。意志力只是为了价值观服务罢了。同时，价值观相似的人，也更容易对彼此产生好感。当我们向朋友推荐一家好吃的餐厅、一本好看的书、一部精彩的电影，对方也真诚地表示喜欢的时候，我们会更喜欢对方。当一个人喜欢摄影，发现另一个人也对美学抱有热情的时候，同样会产生相互吸引。这些都是价值观的一部分。

在婚姻里也是同样的。如果彼此都认为爱情里的忠诚是最重要的，那么两个人都会更喜欢对方；如果彼此都认为爱情总有一天会消失，那么两个人在一起无论如何也不会长久——虽然这令人感到悲伤，但彼此也会更喜欢对方；而如果一个人认为，爱情里忠诚是最重要的，另一个人却认为，忠诚无关紧要，那么两个人的关系就会变得很危险。

价值观最重要的来源，就是一个人的"核心信念"。而一个人的核心信念最重要的来源，则是其家庭与成长环境。

我们都知道，当一个孩子从小就看到父亲家暴行为的时候，会增加其长大后对伴侣使用暴力的可能性。这种可能性，就是价值观的一种体现。即：在面对矛盾的时候，认为自己可以使用暴力，强迫他人服从自己的意志。而另外一种价值观则与之相反，面对矛盾的时候，认为自己不可以使用任何暴力形式来解决矛盾，因为这只会激化矛盾。也就是说，前者的价值观是认为——"让伴侣服从于自己的意志是最重要的"；而后者的价值观是认为——"在感情里，做到相互尊重与沟通才是最重要的"。

两种价值观在矛盾的时候不可兼得。如果选择了强迫他人，就不可能选择尊重沟通；如果选择了尊重沟通，就不可能选择强迫他人。

门当户对这一古老的婚恋守则，一直以来都为人所抨击。是的，它固然没有触及问题的本质，但家庭背景相似的人，总是会容易拥有相似的价值观。因此，在挑选伴侣的时候，如果希望自己的婚姻是稳定的，那么选择门当户对的伴侣，能够增加这段感情稳定的可能性。要知道，在开始的时候，价值观是可以伪装的，尤其是在彼此充满激情的状态下。但家庭背景却很难作假。

婚姻稳定的第二个因素，是妥协。但这必然来自相处阶段的不妥协。

不妥协的意思是，需要建立自己的择偶标准。只有达成这一标准的，才能够开始相处，无法达成这个标准的，不要因为对方某一方面格外优秀而妥协。最常见的，就是因为对方的美丽或者财富，而对人品进行妥协。比如一身消磨意志的坏习惯。

只有在不妥协的状态下，才能够知道对方的真正价值观是什么。

对方是把家庭放在第一位，还是把自己放在第一位？

对方是把人放在第一位，还是把钱放在第一位？

对方是把娱乐放在第一位，还是把工作放在第一位？

只有不妥协，才能够清醒地看到这一切，做出自己的选择。

最后，则是婚姻稳定的第三个因素，是懂得感情的种种变化，并能够用一种开放与坦然的心态，拥抱变化，感受变化，与变化共舞。即不断改变自己给予对方的相处模式，而非与变化对抗。

◆ 感情的三个重要元素：亲密、承诺与激情

亲密，即互相理解，坦诚沟通，彼此支持；承诺，则意味着彼此愿意为了对方付出，哪怕牺牲自己的利益也在所不惜；激情，则根植于人的多巴胺系统，它能让我们兴奋、沉迷。

激情的系统总是会让人们追求新鲜且刺激的东西。这就是为什么，新的恋情总会让我们感到"前所未有的快乐"。因为新人身上的一切都是新鲜的，他们的过去、学识，乃至带给我们的种种出乎意料的反应。但这不是重点，重点是矛盾的另外一面：人们对于新鲜且刺激的东西，总是会试图习惯，然后视而不见。

新鲜感也好，激情也罢，这些渴求我们永远不会满足，并且刺激越多，需要的刺激强度就越大，可我们却不会因此而更快乐。这就已经足够让我们清醒地看待激情这回事了。

婚姻的稳定，需要彼此都明白，他们的感情绝对不是依靠激情，以及由激情所带来的沉迷与性的冲动来撑下去，而是依靠亲密与承诺。

激情、亲密、承诺，这三个爱情中重要的元素，总是会不断地变化。但不同的是，激情总是会随着时间而消退。而亲密、承诺，则会在彼此的陪伴之中，变得日益醇厚。

温柔是真爱最宝贵的特征

◆ **真爱最明显的特征是什么？**

真爱最明显的特征不是激情，我们都明白，激情是会消退的。但也必然不是乏味。乏味是一种缺憾，而爱是满足的。这是截然相反的两种状态。

真爱特征真正的答案，是"温柔"。温柔是一种完全的接纳，尤其是接纳对方的缺点。

优点是不必使用接纳这个词语的，你需要的只是欣赏。虽然欣赏也是一种需要练习的能力——否则很容易变成嫉妒。但接纳显然更有价值，因为爱本质上是一种弥补缺陷的力量。

爱最极端的表现，是牺牲，即"救赎死亡"。如同在出车祸的时候，父母会不假思索地挡在孩子的前面，选择让孩子活下去。从进化生物学的角度来看，亲代的自我牺牲是为了"成功繁殖"，即把自己的基因传递给未来的世代。不过对危急关头奋不顾身的父母来说，这一切都是出于爱。

◆ 温柔的力量

温柔拥有共情的力量，那是存在于"此时此地"的，将所有意识集中于对方的，非同一般的注意力。

我们会因此而使用陌生的眼神去看待熟悉的东西——因为一切对你来说都是"普遍"的，当你如此对待的时候，必然会找到蕴含其中的"独特"；我们会因此而保持好奇，认真地倾听对方的讲述，与对方心中正在经历的情境共存。如同我们沉浸在自己喜爱的故事里，感受着人物的脉动，体验着他们的情绪起伏，温柔就会恰当地回应。

我们都会有观点碰撞，甚至冲突的时候。所有的冲突，也都有最适宜的解决之道。

爱中的温柔，会分清楚对话中的不同成分：哪些是观察，哪些是判断。在有可能发生冲突的时候，与对方分享自己更多的观察，而非判断。你看到了什么、听到了什么、感受如何，这些观察是无法被否认的。

这恰恰是对话冲突的核心欲求：得到认可。

以观察为基础的对话会更加柔和，这可以帮助彼此消除抵触情绪，并最终缩小观点的差异。

除此之外，就算不同意对方的观点，也不做判断，只是安静地听。这种行为本身就是在为我们的关系建立账户，不断地积累好感与感激的资源。

每个人都喜欢认真地听自己说话的人，这种重要的价值感，本身就会让人们感到满足。

◆ 温柔是对爱的人用心

用心是感性的,用脑是理性的。

感性是一种整体性的感知,使用的是自己的感官,即眼耳舌身等。理性是一种分析性的感知,会把眼前对象的行为拆解成一个个部分。情绪是悲伤的,还是抱怨的;哪句话是对的,哪句话是错的,事情可以分成几个步骤来解决。

感性和理性需要结合,心与脑固然应该完美合作,但更重要的是开始的顺序。

婴儿发育的过程,总是先从掌管感性的"心"开始成长,直到成年之后,才完成掌管理性的"脑"的发育。如果你能够还原这个过程,就能够进入到一个人的生命深处。

爱要用真心，不要只动嘴

和朋友聊天，聊到"贫贱夫妻百事哀"的话题。朋友说，感情里所有的问题，都是经济问题。只要经济问题解决了，感情问题就解决了。

我看到网络上也有很多朋友，都持相同的观点。在我看来，这种观点似乎混淆了矛盾点，把两个有很大差异的问题，合并成了一个整体。

◆ **金钱可以解决感情问题吗？**

俞敏洪在清华大学的一次演讲中，曾经这样说道："我做过一个调研，有钱人的离婚率比没钱人的高。没钱的话，大家就相濡以沫，同甘共苦，反而能够产生比较深刻的感情。而一旦有钱以后呢，就各自有主意了。"

有人在2021年发现了一件有趣的事，全球前五大富豪的离婚率高达80%。杰夫·贝索斯、埃隆·里夫·马斯克、贝尔纳·阿尔诺、比尔·盖茨都离过婚。唯一目前尚未离婚的，是马克·艾略特·扎克伯格。这个数据固然有开玩笑的成分，但富有并不能解决感情问题，已经是毋庸置疑的了。因为除了生存之外，金钱能够解决的，无非是"成为人上人"的问题。当这个问题被解决后，其他问题并不会消失，也不会弱化，甚至依旧保持不变，或者会变得更加尖锐。这大概就是富有的人更容易离婚的原因，因为他们已经无法忽视感情矛盾了。

◆ 感情中的问题如何解决？

问题是解决不完的，但问题始终是可以被解决的。那么，感情这个如今人们普遍需要面对的问题，应该如何解决呢？一个亘古不变的原则，就是用心。

很多人都听过"用心"，却很难把握用心到底意味着怎样的状态。

顾名思义，用心就是把对方放在心上，让你的爱人占据你心里的空间与你的时间。一个人会经常"想象"自己的爱人，想着怎样才能够取悦对方。这就是把爱人放在了心里。

放在心里的意义是什么？从脑科学的角度来说，想象能够激发我们的"多巴胺系统"。而多巴胺则能够带来足够的动力，让你去做某事。除此之外，想象还能够提升我们的能力表现。只是单纯通过想象自己做某事的种种细节，就能够帮助我们把某件事更快地做好。两种因素的叠加，就会让我们既有动力，也有能力去做我们所想象的事情。

我们很容易就能够解决游戏问题，比如大部分爱玩游戏的人，在游戏里都会取得进步；我们也能很好地解决事业问题，大部分人都能够把自己的工作做得越来越好。但我们却总是对感情问题一筹莫展。其中最主要的原因，无非是用心与否的问题罢了。用心，便会想象；想象，则必然有所行动。不用心，便不会想象；不会想象，则很难有动力去做取悦爱人的事。

刻意练习，便能有所精进。凭借本能，则只能等待运气。

使用某种"技巧"，是无法代替用心的。比如当前流行的 PUA[①]课程，或者其他指导他人如何快速地得到追求对象的方法，最终都只会弄巧成拙。

一个人是否用心是能够被感受到的，这是一个潜意识推理的过程。

比如，我们收到心仪的礼物之所以会开心，就是因为感受到了对方对自己的用心。而在这背后，有一个我们并没有意识到的逻辑归纳过程。

通常来说，一个人之所以会知道不是很熟悉的人的喜好，是因为偷偷地做了许多功课。比如打听你的喜好，查看你的社交网络动态，从和你的交谈之中仔细琢磨，等等。而这些行动，除非他（她）将你放在心里，否则是做不到的。因此，你的潜意识，便总结出了这一点：眼前送礼物的人，对你是用心的。而如果他（她）经常可以做到，那就完全排除掉了运气的因素。

但如果一个非常熟悉自己的人，却仍然不知道自己的喜好，还能意味着什么呢？

逻辑归纳不用学习，这是每个人与生俱来的天赋。

如同天阴之后，刮起了风，我们就知道要下雨了。这是前人的传承，也是你无数次归纳总结的结果。很多时候，我们说不出原因，但和某个人在一起的时候，就是会感到不适，原因也就在于此。我

[①] 全称为 Pick-up Artist，目前多指通过语言和行为的技巧打压感情中的另一方，进行情感和精神上的操控。——编者注

们的潜意识自动地帮助我们归纳了许多信息,然后得出了眼前这个人不用心的信号。

◆ **说得好,不如做得好**

有些爱说得动听,却常常让我们感到难过,因为那些爱只是停留在了表面。

海誓山盟固然动听,但时间长了,总是不如用心的举动那样,既实实在在,又温暖人心。

实实在在,从来不是多么昂贵的物质。哪怕记住你喜欢的食物,看你喜欢吃哪一道菜,便自己少吃些,等你吃完了,再去夹,也是实实在在。

"爱"说起来太简单了,连上下嘴皮都不用碰。

"爱"做起来却很难。你用不用心,就算说不出来,对方也能感受得到。

而在感情的世界,和其他所有的关系一样,都遵循着互惠的原则。

真的用心,才能换来真心。两颗真心交融在一起,才是感情长久的真谛。

怎样提供情绪价值

两个人相处的过程,能够被对方稳稳地接住自己的情绪,是一件幸福的事。

当我们在工作中遭遇了不顺利的事,或者由于身体状况而产生了焦虑,抑或因为生活中的某件事困扰,因而无意间埋怨甚至崩溃的时候,身边那个能够让我们安全地宣泄情绪的人,往往会让我们很快不再紧张焦灼,而是感到温暖和舒适。

接住情绪,是格外重要的情绪价值。

◆ **怎样才能够提供情绪价值?**

要讲清楚如何提供情绪价值,让我们先来想象这样一个情境:在擂台中,有两个正处于愤怒情绪中的、必须分出个你死我活、互相攻击的对手。

在这样的情境里,没什么道理可讲,他们唯一的目标就是打倒对方。我们很难想象其中有一个会忽然停下来告诉对方:"哎,你这一拳打得很有力道噢!"

抑或另一个开始反思:"唔,我的动机好像是错误的,我实在不应该和你动手。我们两个就此讲和吧。"

实际上，双方只会不断地你一拳我一脚，直到分出高下为止。并且，即使擂台上的对手消失了，处于愤怒中的人也是十分危险的。他们会攻击一切对自己有威胁的人。人们在面对这种人的时候，会本能地不去做激怒对方的行动——除非真的很想打架。

了解愤怒情况下的对决状态，对于理解情绪是十分重要的。

我们知道，人的基本情绪只有两种：正面情绪和负面情绪。而绝大多数的负面情绪，都带着愤怒的特质。比如焦虑、着急、生气、痛苦、惊恐等等。当一种情绪带着"愤怒"的特质，就会触发一个人在这种情绪下的自动反应。即否认一切、反驳一切。这种反应和擂台上打斗的本质是同样的，除非取得胜利，否则很难消失。

如果你靠语言争辩打败了对方，你得到的很可能不是屈服，而是日后的伺机报复。比如在生活中的表现会化为指桑骂槐、不予配合的隐形攻击。

接住另一半的情绪，就是让另一半在你们两个人的擂台上取得胜利。

这种胜利不是"打架"，而是观点上的胜利。你需要认可他说的、做的一切。此时此刻，他说的话、做的事，都是对的。

行动因为足够具象，我们很容易就能理解。但观点却是抽象的，因此需要加以说明。

观点是一种判断。天是晴的还是阴的？今天的饭菜好吃还是不好吃？那是一只鹿，还是一匹马？你的习惯好还是不好？你的话是对是错？你的话让我产生的感受是什么？

在这个过程中，重要的不是观点的正确与否——使用缜密的思维，提出可靠的论据，进行周全的、令人信服的论证，都不是观点的任务，而是论点的任务。写文章可以做这件事，演讲可以做这件事，但亲密关系中的沟通却不需要。

沟通可以随意地表达观点，因为这背后往往只是在表达自己的情绪。

情绪不只是表现为语言，它更多地表现在非语言信息的层面。

比如，一个人说"你真好"的时候，我们其实无法分辨这句话的真实意思。字面意思当然是好的。但在人和人相处的过程中，语言信息的传递其实只占很小一部分。大部分的信息，都是通过非语言信息来传递的，即语音、语调、表情、微表情、肢体语言。

如果一个人的非语言信息，和"你真好"这种语言信息是一致的——比如真诚地看着你，露出钦佩或者感激的表情，那么这句话就是字面意思。

但如果一个人一边说"你真好"，嘴角却带着一丝轻蔑，和你刻意保持了一段距离，并且完全不愿意与你有任何目光接触，那么其真实信息，就不是语言信息，而是非语言信息所表达的一切。

留心一个人的情绪变化，需要捕捉的，也就是这些非语言的信号。

◆ **情绪来自哪里？**

我们曾经说过，一个人的情绪无非有三种来源：生理因素、环境事件，以及认知评价。

但具体到某个人身上时，我们却很难立刻找到情绪的起因。因为情绪有可能来自久远的记忆——比如，你小时候经常在饭桌上被教训，那么一个人在和家人吃饭的时候，也许就会伴随着焦虑情绪。或者小时候因为学习不好而经常被打骂，长大之后面对工作无法完成的状况也会产生严重的焦虑。

生存压力也容易让人焦虑，若是小时候有过家境贫穷，且家无宁日的经历，就更容易因为金钱的压力而陷入不安状态里。

种种因素如同一个压缩包，被压缩在我们大脑的前额叶中，让我们不断地去搜寻和这个压缩包里相似的事物。一旦发现相似性，就会自动地通过"前额叶－杏仁核"的情绪回路，唤醒相应的情绪。

◆ 摆脱情绪的方法

摆脱情绪自动化反应的方法有很多，但万变不离其宗的是：先让自己意识到大脑中有一个"压缩包"的存在，然后通过不断地在内心中改变认知，把压缩包里的错误信息摘除。

比如"一朝被蛇咬，十年怕井绳"，就是一个错误的压缩包，它把井绳和小时候咬你的蛇的记忆联结到了一起。

我们需要在内心里不断地让自己改变认知，明确地知道井绳和蛇是不同的，我们不需要感到恐惧。并且在接下来的生活里，看到井绳的时候，重新唤醒这个意识。那么随着练习，我们就会逐渐地对其脱敏，也就完成了对压缩包里错误信息的摘除。

当然，使用"拆解压缩包的方式进行认知解离"，只是所有方法背后的基本原理。具体施行起来，可以因人而异，因流派而异。

当我们知道一个人产生了附带着愤怒的情绪，就一定会否定我们，那我们的认知评价就会跟着改变。我们会懂得对方并不是在针对自己，也不是在攻击自己，他只是在进行情绪的自动化反应。

如此一来，因为我们的认知里并未感受到自己受到了攻击，所以也就更不容易会有愤怒对抗的情绪。而没有愤怒对抗的情绪，首先就是能够不让冲突升级；其次则会开始转变视角，试图理解对方。

很多关于抚平爱人情绪的方法,都忽视了这个重要的前提:首先自己要保持一个好的心态。

如果因为认知评价的自动化反应,将爱人发泄情绪的话语当作对自己的攻击,那么愤怒是必然的。即使没有用语言表达出来,非语言信息也会让彼此之间的关系变成一种隐秘的对抗。

完成了这个前提,就能够很轻松地做到让爱人没有顾忌地宣泄自己的情绪。我们会给予拥抱、理解,还能够在适当的时候,捕捉到爱人情绪开始消退的信号,然后将其注意力转移到当下来。

接着,一起去做些开心的事就能够让情绪发生转变。比如吃一顿好吃的美食,看一部电影,在楼下散散步,看看天空;抑或只是静静地在家里坐着,也能够享受到平静陪伴的愉悦。

这就是接住爱人情绪的过程。而完成的这个过程,被人们称为"情绪价值"。

当然,用怎样的词语形容并不重要。重要的是,你会因能够接住另一半的情绪,而让彼此感受到更多的幸福。它不仅仅是属于爱人的,也是属于你的。

这是真正的双赢,也是亲密关系区别于其他关系的本质特征。

在能够接住爱人情绪的亲密关系里,没有人会是输家。

"情绪稳定"的最大误解

很多人都认为,表达情绪是一个人情绪不稳定的体现。但事实上,这恰恰是对情绪稳定的最大误解。

越是不表达情绪,越容易让情绪变得不稳定。

◆ 表达情绪是一种正常的欲望

表达情绪恰恰是一种再正常不过的欲望。当情绪释放后,得到了适当的满足,会对身心有益;反之,当长期无法得到适当满足的时候,就会对身心有害。

比如,对于食物的生理欲望,对于求知、工作、创造的精神欲望,以及对于情绪的表达欲望,等等。

长期饥饿对于身体的影响不必多提;如果一个人停止了工作和创造,身体则会更容易出现问题。这就是为什么老人一旦退休,却没有养成一些需要动脑的兴趣活动,身体状况就会比愿意出门旅行、下棋或者经常阅读的老人要更加糟糕。

而在所有人们的正常欲望中,最不被人们重视的,就是表达情绪。

◆ **情绪表达欲望的影响**

当情绪表达的欲望长期无法得到满足的时候，会产生什么后果？最明显的后果就是情绪爆发。

控制情绪和所有生活中需要控制的事情一样，会消耗自控力，而自控力是有它的承受极限的。一旦自控力失效，曾经积压的情绪，就会猛烈地爆发，并造成不可挽回的影响。

作为心理学硕士和心理分析学博士的张维扬，根据他长达十年的心理咨询经验提出："长期的心理压抑只会压垮一个人，同时为了刻意保持表面上的情绪稳定，就会用更加报复性的消费或暴饮暴食，带给个人更糟糕的结果。"

情绪长期积压带来的压力，也会对身体状况带来不利影响。比如，会提升心脏病、癌症、抑郁症的发病风险等。

除此之外，长期的情绪压抑还会让人错失幸福。因为情绪是一个整体，当一个人麻木了自己的脆弱、羞耻和其他负面情绪时，也必然会麻木快乐、幸福和感激。

有人说，自己的情绪自控力很强大，但事实上，这只不过是又一种自欺欺人的说法。因为情绪并不是只有倾诉、爆发这些容易察觉的表象，还包含隐藏在生活表面之下的"隐形攻击"。

比如，当有人攻击我们时，当下没有表达愤怒，但在随后的交谈过程中，我们开始否认对方的观点，有意地挑刺，同样也是由于情绪在主导。

在工作中，由于我们积压情绪的时间不长，所以还可以依靠自控力去应对。可是在亲密关系中，由于彼此是朝夕相处的状态，积压的情绪就很难通过自控力来长期压制了。

而判断自己是否处于积压情绪、隐形攻击状态的方法也很简单。就是观察你在生活中的表现，是否会常常否定伴侣，故意在某种情况下反驳或不予配合。

如果有，那就说明一定积压了很多情绪，而那些被积压的情绪，总要正确地释放出去。

◆ 学会正确表达情绪

人们在表达情绪的时候，很容易陷入攻击对方品德、性格的误区。比如，在吵架的时候，我们常常会听到类似这样的话："你总是这样，从来不顾及我的感受。"

一个人的品德或性格，是由其持续性的行为组成的，因此，当我们使用"总是""每次""经常"这种词语的时候，即使没有明说，也同样是在攻击对方的品德和性格。这是进行情绪表达中最容易犯的错误。

可是，为什么不能够进行品德和性格的攻击？因为这会放大事情的困难程度，造成决策失效。

要知道，当把争论的要点，放在一个人的品德上，是一个模糊的、抽象的目标。也就意味着事情是很难被解决的。

只有把争论的要点放在当前的事情上，目标才会变得清晰和具体，从而真正地解决问题。

我们在工作中会遇到相似的情况。比如，一个领导在讲话中谈到，我们要提高整个公司的竞争力，不能再沉沦度日……这种话也许有激励作用，却无助于解决问题。每个人都不明白自己需要做些什么，继而陷入决策失效，继续沉沦度日。

而当任务变得具体时，事情就会变得容易。比如，下周三之前完成活动的策划案，抑或每周尝试联系三位潜在客户，等等。

退一万步说，一个人是根本无法改变"品德"这个抽象概念的。也就是说，我们无法通过改变品德，来变得更有品德。只能够通过一次又一次具体的行动，来改变品德。

当我们要求他人做一件不可能的事时，很容易让一个人感到自己很无能；而当一个人感到自己很无能的时候，往往就会变得恼羞成怒，尤其是在已经出现情绪对抗的情况下。

正确表达情绪的方法，则是明确告诉对方："你因为说了什么，做了什么，让我有了怎样的感受。"

尽可能清楚明白、详细具体地指出惹怒我们的特定行为，那么伴侣间的沟通就会变得更为明智、准确。这样不仅能告诉伴侣自己的想法，还能把谈话重点集中在可处理的、单独的某个行为上。

而行为比人格、品德更容易改变。比如，你可以把这样一句话——"你怎么这么不为我着想！从来不让我把话说完！"按照刚才的模式，表达成："你刚刚打断我讲话的时候，我感到很生气。"试试看这两种表达方式，你会发现哪一个效果更好。

后者的陈述更可能得到伴侣体贴的、表达歉意的回应，而另一个则可能适得其反。

与此同时，自己的情绪也得到了良好的释放。

总而言之，情绪稳定并不是没有情绪。

虽然一定程度上的情绪自控是重要的，但正确的情绪表达同样不可或缺。

给情绪一个出口，它就不会泛滥成灾，也不会给自己和他人造成不可挽回的影响。

十个恋爱真相

◆ 恋爱要慢慢来

别被"快餐式的爱情"洗脑,恋爱要慢慢来。先从普通朋友做起,在相处的过程中感到舒适,且互相了解过后,认为对方还是合适的人选,那么就选择再靠近一点。

有一利,必有一弊。一见钟情会让一个人感到兴奋,但并不是爱情的兴奋,只不过是多巴胺自带的属性,可再新鲜的风景,都会变得平常。而慢慢来的感情,不会让人们的多巴胺飙升,但好处在于能够始终让自己不被爱情冲昏头脑,然后才可以更全面地了解眼前这个人,是否是适合长期相处的伴侣。

一段长期关系里,人们真正要面对的是新鲜感消退之后,那些生活中的细节问题。

爱是平凡的,不是不凡的。爱是在平凡中,打理好一束也许不再能够让自己心潮澎湃的花,而不是迷恋看到花海那一刻的心动。

◆ 别为了他人,而失去自我

如果和一个人在一起的代价,是失去自己原本正常的生活,转而过更难、更辛苦的日子，那就再考虑考虑。

虽说感情里有不离不弃的成分，但那是两个人在一起之后，随着时间相处的积累，对彼此的认可而形成的深厚情感。

在开始的时候，适当的经济基础可以验证很多事情——它可以证明一个人是否努力，是否节俭，是否不曾浪费光阴。观察经济基础，本质上就是为了考量彼此的生活习惯。这就是为什么我们会说"适当的经济基础"，而非"超过大多数人的经济基础"。

良好的生活习惯不一定会让你十分富有，但不良的生活习惯，必然会导致连适当的经济基础都做不到，这才是两个人感情中最大的隐患。

◆ 对自己要有清醒的认知

每个人的潜意识中，都存在一个价值探测器。这也是人们的恋爱对象总是和自己在许多条件上都差不多的原因。

高攀基本是不可能的。

在外人看起来的高攀，一定存在着他们看不到的价值所在。如果不存在，那么所谓的高攀，大概率是个陷阱。

◆ 两性之间存在相互需要的关系

女人比男人更需要"亲密坦诚的沟通"。相比这一点，男人更倾向于"功能性沟通"。

亲密坦诚的沟通，是彼此之间会分享一些私人话题，包括成长经历、内心伤痛、近期的困扰，以及某种希望，等等。重点聚焦于人的情感需求上。

功能性的沟通则恰恰相反，只聚焦于事情上。旨在如何能把事情更好地解决，会讨论更多抽象的东西。

因此，总是会忽视个体的人，也就忽视了人的情感。

女人通常不只能够和恋人建立亲密坦诚的关系，也能够和同性建立这种关系。但男人在大多数情况下，如果没有经过亲密关系的练习，与同性是无法建立亲密坦诚的关系的。他们会一起打游戏，一起看球，一起追求某个功能性的目标，却无法分享彼此的情感。

因此，至少在亲密关系这一点上，男性需要女性，而女性却不一定需要男性。

男性具有体力优势，在修桥、铺路、基础建设等需要体力的地方，女性也同样需要男性的帮助，这一点也是毋庸置疑的。

因此，两性之间从来都是互相需要的关系，而不是彼此对立的关系。

每个人都有自己的长处。在社会层面，通过市场调节，每个人都会去做自己擅长的事。但在两个人亲密关系的层面，这需要许多主动意识的参与，才能够取长补短，彼此理解。

◆ 男人要体会女人的不易

整个社会的生产力在全面发展，但生产关系还没有完全反映出这种发展状态。

我们不说男权的压迫，因为绝大多数男性的日子也不好过——这个社会最底层、最苦最累的活儿，大多数都是男性在做。但我们也要看到，女性一直处于一个弱势的地位。越是经济不发达的地区，女性遭受的压迫就越是普遍。

女性更容易受到性骚扰，也更容易受到欺负——去年多地的打人事件，以及层出不穷的家暴新闻，都已经不必多提了。很多女性一边工作，还一边因为历史的惯性，承担着更多的家庭劳动。这同样是不公平的。除此之外，女性还承担着职场歧视的现实、生育的风险，以及种种社会上戴有色眼镜的人们看待她们的压力。

更多男性应该看到这些现实层面的问题，理解女性的处境，双方的感情才能足够稳定。就如同很多女性对男性的劳动付出，是全然理解的一样。

一个文明的社会，应当学会在性别差异上彼此尊重。而关系中的彼此尊重，则是一切的基石。

◆ 懂得什么才是真正的爱

一个只想被人爱，而没有爱人之心的人，其实根本不懂得什么是爱。

他真正在乎的也不是被爱，而是占有。

要明白，爱与占有是一对矛盾关系。

因为爱的基本属性是给予，占有的基本属性则是得到。

给予多了，占有的就少；占有多了，给予的就会少。

会爱的两个人不必占有，彼此都会拥有更多；不会爱的两个人，即使占有，也占有不到任何东西。

比起不会爱的人，会爱的那一方，则会更痛苦。

◆ 冷漠是最伤感情的武器

在所有情况下，冷漠比吵架更容易伤害两个人之间的关系。

吵架至少证明了两个人之间是有亲密关系存在的。因为在吵架的过程中，两个人绝大多数时候都是在发泄自己的情绪。而人们几乎不会和陌生人、路人，或关系并不那么亲密的人发泄那些只有在亲密关系中才会产生的情绪。

而冷漠的表现，就是把另一个人排除在自己的世界之外。

这等于是在告诉对方：我和你没有任何关系，也不想产生任何关系。

因此，哪怕吵架，也请不要冷漠。

◆ **没有回应不代表拒绝，不主动不代表告别**

人与人之间的沟通，不只是在语言上，还包括肢体、表情、语音和语调。

语言是最不重要的东西——至少在面对面的情感交流，而非知识、工作交流中是如此。

因此，不要因为对方在语言上没有回应你，就认为那是拒绝，而不敢争取。

要在你喜欢的人面前专心致志。只有这样，你才能够收集到正确的信息，来确定是否"没有回应就是拒绝，没有主动就是告别"。

◆ **别和前任做朋友**

无论将来的爱人是否介意，也记得不要和前任做朋友。

这是对未来感情的尊重，也是对自己当初选择离开的尊重。

◆ **爱情和工作同样重要**

现在人们似乎越来越不看重爱情了，认为爱情没有工作重要，没有钱重要。只有自己的工作和钱才是最忠诚的。

让我们从更现实的角度来考量吧。

如果你专注于工作和赚钱，你的确能够更快地提高工作能力，也大概率能比维护关系赚到更多的钱。

但这样一来,你的生活风险就会很高,因为你只有一种保障。而这种保障,只不过是在现行的社会体制之下的保障;是在没有战争、饥荒年代下的保障;是你还年轻,身体还健康时候的保障——它比你想象中脆弱得多。

而无论是亲密关系的支持、家庭关系的支持,还是朋友关系的支持,都在漫长的历史过程中证实了他们的抗风险能力。

一个成熟的投资者,懂得分散投资的好处。

给自己的人生投资也是一样。分散投资于你的工作、爱情、家庭、友谊,也许会让你走得慢一些,但能让你走得更远,也更稳健。

而在所有关系之中,爱情无疑是最重要的一种。

因为身边人的陪伴,占据了你人生中最长的一段时光。

在亲密关系中，学会把控情绪

要知道，亲密关系中的所有问题，归根结底只有一个，就是：情绪。也就是说，只要我们能够妥当地处理情绪，就找到了处理亲密关系问题的最佳入口。

◆ 情绪的本质

在人类的进化过程中，有两种主要目的：生存和繁衍。

一切有利于这两种目的的，我们称之为"利"；反之，则称之为"害"。

人的天性，是趋利避害的。而情绪，则是趋利避害这一天性的"自动化按钮"。我们会见利而喜，见害而忧。并因此趋悦避痛，继而达到趋利避害的目的。

虽然我们经常给情绪做很多种区分，比如焦虑、狂喜等命名方式，抑或中国古代常见的七种情绪：喜、怒、哀、乐、爱、恶、欲。但笼统来说，情绪只有两种倾向：正面情绪和负面情绪。

在这两种情绪倾向之下，又有四大类情绪：快乐、愤怒、悲哀和恐惧。

至于其他种种情绪的命名，只不过是这四大类情绪的进一步细分或者结合。比如焦虑，本质就是轻微的恐惧，狂喜则是放大的快乐，好奇则是轻微的快乐叠加轻微的恐惧，即兴趣叠加担忧。

◆ 情绪有三种主要程度

第一种程度，是"心境"。

所谓心境，就是一段时间相对较长的情绪状态。比如"快乐""愤怒""恐惧""悲哀"的心境。遇到至亲去世，人们可能会在相当长一段时间里，处于悲哀的心境之中。而因为"事业有成""家庭和睦"，人们也可能会在相当长一段时间里，处于快乐的心境之中。

不同的情绪心境，人的反应模式是不同的。若是处于恐惧心境之中，一个人常常就会死气沉沉、愁容满面，并倾向于停止行动。而处于快乐心境之中，我们又会给自己戴上"粉红滤镜"，看到什么都认为是好的、正向的。生气勃勃、笑口常开，同时也会积极行动。

遭受不公待遇之后，出于种种考量，我们没有明显地进行反抗、反驳，但是在随后的行动里故意挑刺、不予配合。原因就在于，事实上我们正处于一种"愤怒"的心境之中。在这种心境下，最容易发生的事情就是隐形攻击。

第二种程度，是"激情"。

激情比较容易理解，如亢奋或者愤怒，都属于激情。

激情会令人完全失去理智。在亢奋状态下，我们可能会拥有无穷的创造力，很多优秀的艺术作品都是在这种心境下完成的。而在狂怒的状态下，我们倾向于摧毁一切。

第三种程度，则是"应激"。

在应激状态下，人的身体会发生急剧变化。

这种变化有利有弊。有利点在于应对突发事故时，我们可以极为有效地调动自己的身体，发挥出平时难以发挥的力量。弊端在于我们的知觉和记忆有可能会出现问题。而过度或长期处于应激状态，还可能导致过多的能量消耗，容易引起某些疾病，甚至导致死亡。在这种状态下，往往需要心理医生的介入。

在这三种明显可分辨的情绪之间，又有许许多多细微的程度。但只要掌握了这三种程度的分辨模式，就足以让我们认识情绪的变化。

◆ 我们为什么会有情绪？

情绪的产生，主要是由三种因素作用的：生理因素、环境事件和认知过程。

生理因素最容易理解。肚子饿的时候会感到痛苦，但是看到美食就会感到快乐。

环境事件，简单来说就是在什么时间、什么地方，发生了哪些事。不同的事件会带给人不同的刺激，进而引发不同的情绪。比如节日的时候和朋友、家人的聚会，会让我们感到快乐。抑或在动物园里看到动物，我们会感到有趣。同样的事件发生在不同的地方，所带来的情绪也是不同的。比如，同样是看到动物，在动物园这种安全的环境里，我们会感到快乐；可是进入到大草原，看到老虎，在自然且无安全措施的情况下，我们就会感到恐惧了。

时间因素也需要考虑在内。就像一场爱情告白，如果发生在早晨，往往不如发生在晚上能让我们动情。

还有，过去时间维度中的环境事件，也会影响我们对于当下事件的认知。比如中国有一句俗语，叫"一朝被蛇咬，十年怕井绳"，指的其实就是"曾经被蛇咬过的经历，让一个人在很长时间里，看到类似蛇一样的事物的时候，都会感到恐惧"。

接下来，就是认知过程，也就是一个人对于所发生事件的正面或者负面评价。

国外的认知心理学研究表明，影响一个人情绪最大的因素并不是环境事件，也不是生理因素，而是一个人对于事件的认知过程。

如同前面所说"一朝被蛇咬，十年怕井绳"的例子，一个人曾经被蛇咬过，便对井绳产生了恐惧。这本身并不取决于井绳这个因素，而是取决于他对于井绳的评价。他可以长时间地保持对井绳的恐惧，但也可以通过某种方式不断地练习，从而让自己摆脱恐惧。

情绪本身并不可怕，它是正常且健康的。只不过，一些具有破坏性的情绪则会造成问题。

在这里，我们将情绪处理分为两个部分：第一个部分，是处理我们在亲密关系之中所遇到的情绪；第二个部分，则是处理我们自身的情绪。那不只是我们的当下，还包括我们的过去。

当然，处理我们自身的情绪，是处理亲密关系中所有情绪问题的基础，或许严格意义上来说，那也是终身的修行。

让我们先从亲密关系中的情绪开始。因为它处理起来相对简单，我们只需要一些正确的认知，就能够改变自身的态度，然后可以更从容地面对我们所珍视之人的负面情绪。

◆ 如何处理亲密关系中的负面情绪？

情绪和理智本质上都是同一种行动：现实世界的行动，与内心的思考活动。

它与理智行动的唯一区别，就是理智对其控制失效。即我们认为自己"应该如何"，但我们就是"不能如何"，或者连"应该如何"的意识都彻底不见了。

当一个人的情绪处于心境状态下，虽然某种情绪已经成了他看待世界的滤镜，但理智仍旧可以控制。当他的情绪处于激情或者应激状态下的时候则不然。这个时候，他的身体会分泌大量的肾上腺素。这种激素会抑制思考，令人失去理智，有时也会让一个人无法分辨前因后果。

从而导致他的行为模式只有两种状态：战斗或者逃跑。

而他看待这个世界的方式，则会彻底地变成非此即彼的一元世界观。

在他的眼中，这个世界对自己来说只剩下两种人：盟友或者敌人。

他们会团结盟友，攻击敌人。但不会有第三种选项。

这就是为什么当我们判断出对自己来说重要的人，处于激情或者应激模式下的时候，最重要的不是讲道理。因为所有的道理都会变得无效，只剩下了立场。

如果你的道理是为了说服对方，那么无论你的身份如何，他眼中的你都会变成敌人。

在这种情况下，我们只有先让对方确认自己是"盟友"，才能够平复对方的情绪。当情绪消退，理智重新接管的时候，才能够拥有继续沟通的可能。

你也可以送生气的对方一份礼物。无论是什么礼物，都能够缓和气氛，化敌为友。礼物能把愤怒的话转化为亲切的语言，把粗鲁转化成温柔。如果当下没有什么好的礼物可以送，你可以赠送将来某一天的承诺——当然，是你一定能够达成的承诺。因为承诺如果最终变成了欺骗，将会带来更大的愤怒。

至少在亲密关系之中，遇见矛盾，总是要先处理情绪，而非处理事情。

在这个商业社会中，我们已经习惯了在工作状态里忽视情绪。因为公众压力以及角色认知，我们总是可以保持一线清醒。但在亲密关系中却恰恰相反，由于我们在这种彼此信赖的感情里是一种放松的状态，因此我们的理智更容易失去控制。

在这种情况下，最重要的一定是先处理情绪，再处理问题。

◆ 同理心的重要意义

在面对重要的人的情绪问题时，一个人最需要拥有的能力，或许就是同理心了。

同理心如今是被人们广泛谈论的概念，在普遍认知中，人们认为同理心就是理解他人、接纳他人的情绪，并表现出对他人某种程度的关怀。

但事实上，同理心最原始的含义，并不是"理解他人"，而是"动作模仿"。

这个词语最早是由美国心理学家 E.B. 蒂奇纳使用的。蒂奇纳提出，同理心事实上起源于一种对他人困扰的身体模仿。个体通过模仿，来引发相同的感受。

这一直击本质的定义为人们练习同理心带来了一个基本的原则：尽可能地对他人的一切进行心理模仿。

因为动作模仿在沟通的时候往往很难做到全面，而一项研究报告分析了 3214 名实验对象的共计 35 个实验后得出结论：单靠心理练习就可以大幅改善自己的表现，尤其是涉及脑力活动较多的任务——平均而言，只依靠心理练习就可以产生实际身体练习 2/3 的效益。

同时，蒂奇纳也为同理心和同情心做出了区分。

同理心和同情心都是对他人情绪的反应。只不过，同情心自我参与程度更低一些。人们在认知层面上，对他人的感受表示理解，并产生了一种渴望能够帮助他人的愿望。不管这种愿望最终能否落实，人们总希望为对方做些什么——从这个角度来看，大部分人都将同情心，错误地当成了同理心。

事实上，相比于同情心，同理心的自我参与程度更高。

在使用同理心的过程中，我们把对方当成自己，想象自己处于对方同样的境地，想象如果自己变成了对方——即同样的客观条件，比如家庭、外貌、身高、受教育程度和性格特征等，会产生何种反应？

这些刻意的模仿，能让我们真正地与对方做到感同身受。

简而言之，同情心往往意味着：如果我是他，遇到他经历的事情，"我"会有什么感受；而同理心则意味着：如果我是他，遇到他经历的事情，"他"会有什么感受。

这两者的细微差别，意味着同理心比同情心能够更准确地识别他人的真实需求，并做出更为恰当的反应——这会让我们更有效地安慰他人，而非让对方感到安慰的话语虚假或者是空洞的说辞。因为归根结底，同情心考虑的是如果遇到这种状况，怎样才能让"我"感觉好一点，而不是怎样才能让"他"感觉好一点。

◆ **如何让自己更具备同理心？**

首先是识别情绪，判断对方处于正面还是负面情绪之中？这些情绪的程度如何，是心境、激情还是应激状态？

接着则是对于生理因素、环境事件，以及认知过程的认知。如果缺少这些基本的认知，人们就会倾向于认为对方之所以产生情绪，是因为其人格问题，而非触及问题真正的本质：在他身上，发生了什么？

这种看似简单的认知转换是具有革命性意义的。

他人的负面情绪本身，也是一种"环境事件"，这种环境事件，对处于环境中的个体同样是有影响的。不同的认知过程，会为一个人带来不同的情绪倾向。

如果我们认为对方的情绪是因为其糟糕的人格，那么我们本身就会很容易产生战斗或者逃跑的情绪反应。这个时候，我们会让自己处于负面心境，甚至应激状态。沟通过程也会变成两个人之间的斗争。

而如果我们将对方的情绪，理解为过去经历的结果，则会带来截然相反的反应：我们会选择参与对方的人生，共同面对，而非选择与之对抗。

同理心作为一种"技能"，需要大量的练习才能够有所成效。但对这种技能所带来的结果是极为宝贵的，它会为你们之间的关系带来极大的改变——因为你改变了自己内心的真实态度，而非肤浅的表面。

在如今这个事事渴盼速成的时代，催生了使用"个人魅力"来影响他人的人际关系体系，因此人们通过练习自己的"话术""动作"，以及某种可以被识别的反应模式，来达成自己的目的。

的确，这些方法总是见效很快，也可以在短期内影响他人。但长期来看肯定会出问题，尤其是发生于亲密关系之中时。

人与人之间的交流，不只是依靠语言，而是更多地表现在非语言信息上。即语音语调、表情、微表情、肢体语言，甚至还包括汗液中的丁酸味道所携带的情绪信息。

你可以嘴上说着漂亮话，甚至可以控制自己的表情和肢体语言，但你的微表情一定会让对方解读出真实意图。即使你能够控制自己的微表情，但你身体的味道也会让对方感到不适。

在负面情绪之中，一个人对于危险信息的感受是敏锐的。只需要感知到你的不真诚，就会立刻对你做出负面的判断。因为这本质上代表的是一种虚假和背叛。而一旦你通过练习自己的同理心，发自真心地选择理解与接纳对方，就会让对方感到莫大的欣慰。

在对方心灵深处，那个意识无法触及的地方，便会将你当成真正的"盟友"，而非"敌人"。随着时间的推移，你甚至能够做到让其在情绪最为崩溃的时候，唤醒自己的理智。

这就是同理心的力量。

学会重新去爱

在之前的文章中,我们提到了一个对情绪带来影响的关键因素:环境事件。

无论是当下发生的,还是来自过去的某种记忆的环境事件,都会给我们的情绪带来某种程度的影响。

其中,总有一些事件是决定性的,它们的发生深刻地改变了我们对事件的认知,继而演变成根深蒂固的情绪问题。我们将这种由过去记忆带来的认知评价,称之为"核心信念"。可以将其具体理解为在我们早期生活经历影响下形成的价值观、世界观。

它会使人们认为事情应该是什么样子,并指导和推动人们的生活。

◆ **核心信念带来的影响**

每个人都会有自己的核心信念,有的核心信念是积极的,比如说:"这个世界是美好的、可信赖的。"有的核心信念是消极的,比如说:"我自己是毫无价值的。"

核心信念会为我们带来面对刺激时的自动反应,而这些自动反应，最终塑造了我们的性格。

并且，由于对我们影响最大的经历，出现在大脑的发育阶段——儿童时期，所以，核心信念会成为潜意识中根深蒂固的一部分，很难被察觉。但我们每个人都在不知不觉之中，受到核心信念的支配。

很多人都有过类似的经历，自己会为一些事后回忆起来莫名其妙的事而感到受挫或者发怒，并且根本无法控制这种情绪。在事情发生的那一刻，我们的负面情绪产生的速度之快、反应强度之大，都令自己难以理解。

比如，在亲密关系中，一旦对方释放出冷淡的信号，我们几乎立刻就会把自己心中的门关上，用提前隔绝这段感情的方式，来避免自己受到"伤害"，即使这种伤害很可能只会出现在想象中。而对方所谓的冷淡反应，很可能只是由于工作忙碌，或者太过于疲惫而导致的疏忽罢了。

我们认为这些反应都是自己性格的一部分——事实上也的确如此。但它与基因这种无法改变的遗传编码无关，而是和我们童年时的经历有关。

◆ 童年经历是核心信念最重要的来源

心理学家杰佛里·E.杨认为，每个人都有自己的核心信念。而对个人生活毫无帮助的消极核心信念，来自童年时期未能得到满足的情绪核心欲求。

比如，与重要之人的眷恋欲求——爱、照顾、看护、接纳等，表达需求或者感受的自我表达欲求、趣味欲求、选择的自主性，与自我认知欲求、自我克制与管理的欲求等。

更令人感到痛苦的是，如果我们在童年最重要的成长时期，受到了精神或者身体上的虐待，我们会产生一些极为糟糕的核心信念。

比如，经常得不到关注与回应，一个人很容易就会建立"被抛弃"的核心信念；而自己的欲求总是被拒绝，则会建立"情感剥夺"的核心信念，认为自己绝对不会得到满足。抑或经常被拿来和其他更优秀的人进行比较，往往会建立"缺陷"的核心信念，认为看到我真正面目的人会感到失望。其他主要的核心信念还包括"我无法相信他人""结果一定会失败""我还不够好""表达感情是不对的"，等等。

核心信念与事实无关。它是我们看待这个世界时所使用的滤镜，并常常会对现实进行没有必要，甚至会对我们自身产生有害的扭曲表现。

在所有的核心信念中，对一个人的亲密关系带来负面影响最大的，大约就是"被抛弃"的核心信念。拥有这种信念的人，会无意识地坚信，这个世界上并不存在真正长久的、值得信赖的亲密关系。

在这一核心信念之下，他们总是会对亲密关系中的"矛盾"过度反应，一旦捕捉到任何一种"自己会有被抛弃的可能性"的信号，他们就会立刻选择先从内心里抛弃他人——其明显特征是冷漠的态度。而这种冷漠的态度，又给了对方刺激，让彼此的矛盾升级。升级的矛盾，则又触发了"被抛弃"的核心信念。从而让彼此之间的关系进入到一个螺旋向下的恶性循环之中，直到两个人都筋疲力尽，他们都很难搞清楚这段关系到底出了什么问题，竟变得如此无以为继。

当然，理解到我们核心信念的成因，并不是为了指责我们的原生家庭，抑或成长过程中的重要他人，也不是为了彼此评价。而是为了理解自我，得到成长。

只要看清楚核心信念并非现实本身，也并非无法改变的性格，就足以带给我们改变的勇气。

通过"治愈身体里那个受伤的小孩"，重新学会如何去爱，从而得到一段健康的亲密关系：互相信赖、彼此支持。而不要随着时间的流逝，双方变得冷漠、疏离，乃至对抗。

◆ 大脑的两个认知系统

我们的大脑有两个认知系统。一个被称为 DMN 系统，即"杂念系统"；另外一个则是注意力系统。

说起 DMN 系统，其实来自一位叫马库斯·E. 雷切尔的神经科学家一个很偶然的发现。因为在过去，我们都认为大脑在休息和发呆的时候，是不消耗能量的。但马库斯·E. 雷切尔发现，在没有使用大脑的时候，我们每天竟然活生生地消耗了 20% 的能量。而你就算再卖力烧脑，顶多也就再多用 5% 的能量。那么，这 20% 的暗能量到底去了哪里？

原来，大脑就像一个 24 小时待机的设备，以确保随时快速地应对可能有的任务或者新情况。也就是说，大脑内部随时保持着活跃，没有闲着，更没有关机的时候。而这条网络的功能又格外强大，比如我们的自我意识、自我反思、判断评估、产生创意、记忆整合、规划未来、思辨推理等工作，都需要在这条网络开启的时候，才能进行。

DMN 系统是发散性的。如同一圈又一圈不断地向四面八方扩散的能量波，在我们的思想内部，在我们身边的环境之中搜集信息，解读信息。但让人沮丧的是，这个系统很少会搜集和解读关于"好事"的信息。而是与之相反，它对负面的信息格外敏感。

因为大脑的任务是让你活下去，并不是让你感到幸福。

活下去的意思是提前探测危险，而不是探测快乐。这就是为什么，当人们无所事事的时候，总是容易烦恼、焦虑、忧心忡忡。

储存在我们杏仁核中的，由童年经历所带来的核心信念，会通过我们的 DMN 系统不断地工作，搜集信息。为了保证我们的生存安全，它会时刻寻找和我们的核心信念相关的信息。只要捕捉到一丝相似性，我们的核心信念都会被触发。

◆ 失控的理智

我有一位做编剧的读者，和我说起关于他在回答不出问题的时候，总是会忍不住焦虑，甚至会有发怒的倾向。他一直都在试图忍耐，大部分时候他是成功的，但偶尔也有失败的时候，他就会通过争辩的方式来攻击他人。

他的恋人有时候会问他一些问题，比如某部电影好不好看，为什么好看？

起初，他会试着从剧本创作的角度，给予她一些专业的分析——成功地回答问题让他感到快乐。可当他无法回答问题的时候，就会感到焦躁易怒。比如，当他的爱人问他一些数学问题时，他会立刻感到神经紧张、呼吸急促。

在我们的一段深入交流里，他猛然回忆起，在他 6 岁的时候，他的母亲教他如何辨认时间——

那是一个木头制的时钟。他的母亲会把指针拨到某个位置，让他回答现在是几点钟了。如果他能够回答出来,就会给他一些奖励,反之,母亲就会很生气。那种生气让他到现在都感到恐惧——因为他在大部分时候都答错了。他终于明白,是儿时的那段记忆带给他的恐惧的阴影。因此,每当遇到"无法正确回答问题"的时候,他就会感到紧张不安。

我们通过感官摄取的信息,会直接进入到"杏仁核"之中。这里储存着我们的记忆,同时也控制着我们的情绪反应。接着,才是进入到我们的前额叶。这里控制着我们的理智。

这个过程是需要时间的。只不过杏仁核做出反应的速度非常之快,一旦其判断该信息是"危险"的,就会立刻触发我们的情绪。比如愤怒或者恐惧。

这些情绪是"立刻开始行动,一刻也不要迟疑"的自动按钮。只要按下开关,就会自动播放"战斗""逃跑"的行动模式。并且,由于只有前额叶能够认识时间,而杏仁核并不具备认识时间的功能,所以,对杏仁核来说,它并没有"过去、现在、未来"的概念。过去的伤害一旦被唤醒,就和当下正在发生的没有区别。

面对杏仁核捕捉到的危险事件,理智总是晚于情绪。而如果情绪过于强烈,那么理智就会进入短暂的不起作用的状态。

这就是为什么,我们说愤怒是短暂的发疯——因为理智这个时候失控了。

并且,由于 DMN 系统不断地工作,所以,我们的行动总是在无意间受到过去的某种记忆的情绪影响。

一些让我们感到愉悦的"记忆"是好的,比如我们总是会对儿时吃过的食物怀抱某种热情。我们越是长大,离家越远,就越是会怀念家乡的味道。看到街上有家乡的美食,总会愿意走进去尝一尝。

这种行动信号不会给我们带来任何不好的影响。因为我们能够从中收获快乐，得到对于家乡的怀念这种情感的满足。但如果小时候的记忆，让我们在自己的生活里，总是过度反应——比如那位读者对于"回答不出问题"的焦虑与愤怒——那么，这些记忆就会给自己带来糟糕的影响。

◆ 自我意识，是应对一切的解药

自我意识能够强化我们的理智，让其不容易进入到"失控"状态。这为我们成年之后，重新塑造自己的核心信念提供了可能。

新的行动模式会成为记忆中的一部分。一旦我们发现这些行动模式对我们的生活是有利的，同样会储存在我们的杏仁核之中。这也是"健康的成人"能够治愈不幸的童年里的自我的本质。

只不过这个过程需要多次重复，才能够让我们的神经回路得以重塑。

除了DMN之外，我们大脑的另外一个认知系统，就是注意力系统。

指的是我们有意识地将注意力转移，专注到某个事物或某个任务上，抑或专注到当下的环境和身体感官感受上。

一旦我们做到专注，这个系统就会被激活。它与DMN系统是完全对立的系统。也就是一个开启，另一个必定关闭。只不过，大脑的DMN系统通常天生就极其强悍，而没有被训练过的注意网络则极其弱小。

因此，如同人们在后天掌握的所有"有益"能力一样，注意力系统，也需要后天的大量练习。而正念觉知就是随时随地进行这种练习的最好方式。

大脑的 DMN 系统，除了在我们分心的时候开始运作，并惯性地收集"负面信息"来保证我们的生存，尤其是我与我们的核心信念相关的信息之外，它还有另外一个间接的危害，就是为我们带来不必要的压力。

当我们的大脑感知到压力的时候，肾上腺就会分泌一种叫作皮质醇的压力激素。这种激素会在短期内造成记忆力下降，而长期则会使得大脑萎缩，带来各种身体症状、情绪问题和认知障碍。

当你能够掌握正念的技巧，那么你随时随地都能够让自己进入到"注意力系统"之中。

当然，即使在专注的时候，你的 DMN 系统也还是会不时地冒出来。你的思想总是会不断地从当前的事物转移开。如同我们刚才提到的，这是我们大脑运作的本能。

你不必责怪这种本能，你需要做的就是重新意识到自己正在做什么。然后每一次意识到的时候，都要把自己的注意力拉回来。

在与人相处的过程中，当我们能够保持正念，就能够不被我们的核心信念影响自己的言行。

在我们与自己相处的过程中，当我们能够保持正念，就能够减少压力以及各种完全不必要的应激反应，从而让我们的身心得到真正的休息与解脱。